高等学校规划教材

大学计算机基础
实验指导

吴 俊 主编

中国建筑工业出版社

图书在版编目（CIP）数据

大学计算机基础实验指导/吴俊主编.—北京：中国建筑工业出版社，2010.8
（高等学校规划教材）
ISBN 978-7-112-12315-5

Ⅰ.①大… Ⅱ.①吴… Ⅲ.①电子计算机-高等学校-教学参考资料 Ⅳ.①TP3

中国版本图书馆CIP数据核字（2010）第150028号

    本书不强调计算机基础的相关理论（相关理论在程序设计语言教材中介绍），而以提高同学们的计算机基本应用技能为目标，具有较强的实用性。本教材不仅介绍了文字处理、演示文稿等常用软件的操作，还简单地介绍了诸如多媒体、数据库、网页等方面的计算机应用软件，希望以此能激发同学们计算机应用技术的学习热情，切实提高同学们的信息获取和处理能力。

    本教材共分为八个部分，第一部分（实验1～实验6）介绍Windows操作系统的基本操作。第二部分（实验7～实验11）介绍Word基本操作及编辑与排版功能。第三部分（实验12～实验16）介绍Excel基本操作及数据处理方法。第四部分（实验17～实验19）介绍演示文稿的制作和放映。第五部分（实验20～实验23）介绍网络浏览器及其他网络服务。第六部分（实验24～实验28）介绍网站的设计与发布。第七部分（实验29～实验33）介绍数据表的建立与查询。第八部分（实验34～实验37）介绍声音、图像等多媒体技术。

    本教材可作为非计算机专业计算机基础的实验教材，也可作为计算机爱好者的自学用书。

* * *

责任编辑：陈 桦 吉万旺
责任设计：李志立
责任校对：王 颖 赵 颖

高等学校规划教材
大学计算机基础实验指导
吴 俊 主编

*

中国建筑工业出版社出版、发行（北京西郊百万庄）
各地新华书店、建筑书店经销
北京红光制版公司制版
北京建筑工业印刷厂印刷

*

开本：787×1092毫米 1/16 印张：10¾ 字数：268千字
2010年9月第一版 2010年9月第一次印刷
定价：**22.00**元
ISBN 978-7-112-12315-5
      （19589）

版权所有 翻印必究
如有印装质量问题，可寄本社退换
（邮政编码100037）

前　言

　　无论是 1997 年教育部高教司颁发的"加强非计算机专业计算机基础教学工作的几点意见"（简称 155 号文件），还是 2003 年非计算机专业计算机基础课程教学指导分委会提出的"关于进一步加强高等学校计算机基础教学的意见"（俗称白皮书），都非常重视高等教育阶段计算机基础课程的教学工作。而随着大学前信息教育的推广与深入，不少进入高等学校的同学已经对常规的文字及数据处理软件有了一定的了解，但也有不少同学的计算机应用技能近乎一张白纸。

　　我们在此背景下，对非计算机专业计算机基础课程进行了大胆的改革，将与计算机基础的相关理论部分在程序设计语言教材中介绍，着重阐述计算机的组成、计算机的工作原理、进制数以及数据的组织与处理。而计算机基础实验作为新生引导性实验环节以提高同学们的计算机基础应用技能为目标，主要目的在于提高同学们的信息获取、信息表达及信息处理能力，为"1＋X"的课程方案作一个综述性的介绍。

　　本教材共分为八个部分，第一部分（实验 1～实验 6）介绍 Windows 操作系统的基本操作。第二部分（实验 7～实验 11）介绍 Word 基本操作及编辑与排版功能。第三部分（实验 12～实验 16）介绍 Excel 基本操作及数据处理方法。第四部分（实验 17～实验 19）介绍演示文稿的制作和放映。第五部分（实验 20～实验 23）介绍网络浏览器及其他网络服务。第六部分（实验 24～实验 28）介绍网站的设计与发布。第七部分（实验 29～实验 33）介绍数据表的建立与查询。第八部分（实验 34～实验 37）介绍声音、图像等多媒体技术。

　　本教材由吴俊统稿，具体分工如下：第一部分由郑红英编写，第二部分由赵翠霞、吴蓉编写，第三部分由王建编写，第四部分由鹿婷编写，第五部分由李美军编写，第六部分由丁彧编写，第七部分由陈伟编写，第八部分由许园园编写。

由于作者水平有限，恳请读者不吝指正：wu_jun@seu.edu.cn。

感谢陈汉武、朱敏、郑雪清、刘润的支持与鼓励！感谢各位同仁的理解与支持！感谢中国建筑工业出版社陈桦、吉万旺的帮助！

目　录

第一部分　操作系统实践 …………………………………………………… 1
  实验 1　Windows 的基本操作 …………………………………………… 1
  实验 2　Windows 文件和文件夹的操作 ………………………………… 7
  实验 3　Windows 个性化设置 …………………………………………… 12
  实验 4　任务栏和开始菜单的设置 ……………………………………… 16
  实验 5　系统配置程序（Msconfig 程序的使用）* ……………………… 19
  实验 6　命令行方式使用计算机* ………………………………………… 22

第二部分　文字处理 …………………………………………………………… 24
  实验 7　Word 基本操作 …………………………………………………… 24
  实验 8　Word 文档的格式设计 …………………………………………… 28
  实验 9　Word 中的表格设计 ……………………………………………… 33
  实验 10　Word 的图文混排 ……………………………………………… 38
  实验 11　高级工具* ………………………………………………………… 41

第三部分　电子表格

- 实验 12　Excel 基本操作 …… 45
- 实验 13　编辑 Excel 工作表 …… 50
- 实验 14　Excel 图表制作 …… 55
- 实验 15　Excel 数据处理 …… 59
- 实验 16　邮件合并* …… 64

第四部分　幻灯片讲义设计

- 实验 17　PowerPoint2003 的基本操作 …… 68
- 实验 18　PowerPoint2003 演示文稿的美化 …… 75
- 实验 19　PowerPoint2003 演示文稿的放映 …… 79

第五部分　Internet 实战

- 实验 20　网络浏览器的使用 …… 87
- 实验 21　Internet 搜索技巧 …… 93
- 实验 22　网络综合应用 …… 96
- 实验 23　其他网络服务* …… 104

第六部分　网站应用与实践

- 实验 24　建立网站 …… 113
- 实验 25　网页的制作 …… 116
- 实验 26　动态 Web 模板的使用 …… 123
- 实验 27　网站的发布* …… 125
- 实验 28　数据库网站的建立* …… 127

第七部分　小型数据库实践

- 实验 29　建立数据表 …… 131
- 实验 30　在数据表中录入数据 …… 135
- 实验 31　在数据库中实现单表查询 …… 138
- 实验 32　建立数据报表 …… 141
- 实验 33　在数据库中实现多表查询* …… 146

第八部分　多媒体应用

- 实验 34　声音录制与处理 …… 152
- 实验 35　图片处理 …… 154
- 实验 36　动画制作 …… 157
- 实验 37　电子相册* …… 161

参考文献 …… 165

第一部分 操作系统实践

实验 1　Windows 的基本操作

实验目的

通过本实验的练习，理解 Windows 窗口及菜单的组成，掌握 Windows 的基本操作

实验要求

1. 掌握 Windows 窗口的组成及操作
2. 掌握 Windows 菜单的组成及操作
3. 掌握应用程序的多种启动方式

实验内容及基本步骤

1. 窗口的操作

窗口是屏幕上的一块矩形区域，所有 Windows 的操作主要是在系统提供的不同窗口中进行的。

（1）窗口的组成

双击【我的电脑】，窗口的组成如图 1-1 所示。

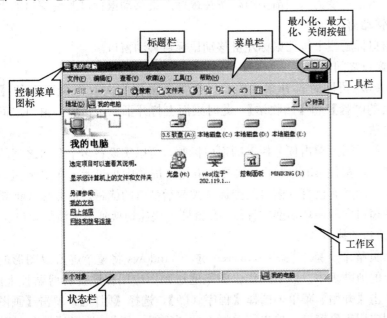

图 1-1　窗口组成

1）控制菜单图标

单击此图标（或按组合键 **Alt**＋**空格**键）可打开控制菜单，选择其中的命令可对窗口进行操作。

2）最小化、最大化/还原和关闭按钮

单击 ▬ 最小化按钮，窗口缩小至任务栏上。

单击 □ 最大化按钮（或双击标题栏），窗口充满整个屏幕，同时最大化按钮被替换成 ▣ 还原按钮。

单击 ▣ 还原按钮（或双击标题栏），可以将窗口恢复到最大化前的状态。

单击 ✕ 关闭按钮，窗口被关闭。

3）菜单栏

单击菜单栏中的任一菜单项，将显示该菜单的下拉菜单，在下拉菜单中列出一组命令项，通过命令项可以对窗口及窗口的内容进行具体操作。

4）工具栏

工具栏中的每个小图标对应下拉菜单中的一个常用命令或一组命令。

5）标题栏

标题栏中显示窗口的标题。

6）工作区

显示和处理各工作对象的信息。

7）状态栏

显示当前窗口的状态信息。

（2）窗口的操作

1）改变窗口的大小

双击【我的电脑】，在窗口非最大化状态时，将鼠标指针移至窗口的边框或对角上，当指针变为双向箭头时，按住鼠标左键移动鼠标可改变窗口的大小。

2）移动窗口

在窗口标题栏上按住鼠标左键移动鼠标可移动窗口。

3）窗口之间的切换

Windows 可同时打开多个窗口。例如：鼠标依次双击桌面上的【我的文档】、【我的电脑】和【回收站】，此时桌面上打开了三个窗口。窗口之间的切换有两种方法：

方法一：通过单击任务栏上的窗口标题，可以实现在多个窗口之间的切换；

方法二：按住 **Alt** 键不放，再按 **Tab** 键，屏幕中央显示一个矩形区，矩形区中显示出当前所有已打开窗口的图标及被激活窗口的标题，重复按 **Tab** 键，可在已打开的窗口之间循环切换，释放 **Alt** 键即可快速切换到被激活的窗口。

4）窗口的拷贝

①拷贝整个屏幕：按 **PrintScreen** 键，Windows 将整个屏幕以图形的方式拷贝到系统的剪贴板中。以下操作步骤是通过画图应用程序查看剪贴板上的信息。

步骤：单击【开始】菜单，选择【程序（P）】，选择【附件】，单击【画图】并最大化画图应用程序窗口，单击菜单栏上的【编辑（E）】，选择【粘贴（P）】命令即可完成。

②拷贝活动窗口：桌面上打开多个窗口时，当前活动窗口的标题栏颜色为**蓝色**。按组合键 **Alt＋PrintScreen** 键，Windows 将当前活动窗口的图像复制至系统剪贴板中，余下操作同①。

5）排列窗口

右击任务栏空白处，在快捷菜单中，可以选择【层叠窗口】、【横向平铺窗口】、【纵向平铺窗口】和【显示桌面】命令来排列窗口。

6）当一个窗口因不响应而无法正常关闭时，可以通过 windows 任务管理器来完成。步骤如下：

①按下组合键 Ctrl＋Alt＋Del 键，出现【Windows 安全】窗口，单击【任务管理器（T）】。

②在【应用程序】选项卡的任务栏中选择需要结束的任务（如果需要同时结束多个任务时，可以按住 Ctrl 键复选），点击【结束任务（E）】按钮，可直接关闭某个或某些任务（窗口）。如图 1-2 所示。

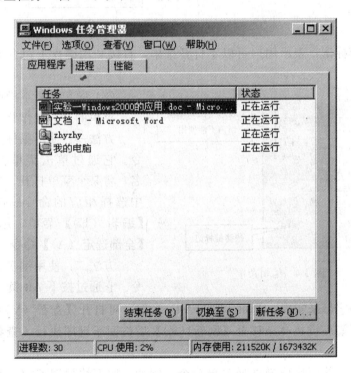

图 1-2　Windows 任务管理器

2. 菜单的操作

（1）菜单的组成

双击【我的电脑】，双击【本地磁盘（C:）】，单击【查看（V）】菜单，该菜单的组成如图 1-3 所示。

选中标记（复选）：表示该选项已有效。单击可取消，再次单击可恢复。

选中标记（单选）：表示该选项已被选中。

单击【编辑（E）】菜单，该菜单的组成如图 1-4 所示。

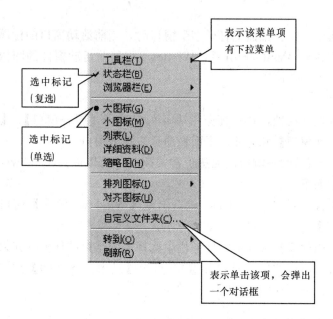

图 1-3 查看菜单

快捷键标记：表示用户可以不打开菜单，直接利用键盘上组合键执行菜单命令。

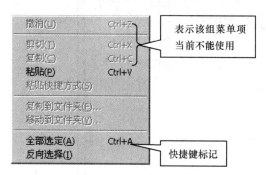

图 1-4 编辑菜单

（2）菜单的基本操作

菜单的基本操作有三种方法。

方法一：使用鼠标选择菜单命令。它通过单击菜单栏中的菜单名，将某个菜单打开，然后从菜单中选择相应的命令。例如：单击【编辑（E）】菜单，用鼠标选择【全部选定（A）】命令。

方法二：使用键盘选择菜单命令。它通过按下 **Alt** 键＋菜单名后带下划线的字母来实现。例如：按下 **Alt**＋**V** 键，可打开【查看（V）】菜单，然后用键盘下箭头键将亮条移至【刷新（R）】后按回车键即执行了**查看**菜单中的**刷新**命令。

方法三：使用快捷键选择菜单命令。例如：按下快捷键 **Ctrl**＋**A** 即执行了【全部选定】命令。

3. 启动应用程序的多种方法

例如：用多种不同的方法启动 Windows 的记事本应用程序（记事本程序名：Notepad.exe）。

方法一：单击【开始】菜单，选择【程序（P）】菜单项，选择【附件】，单击【记事本】即可启动记事本应用程序。

方法二：双击桌面上【我的电脑】，双击【本地磁盘（C:）】，双击【Windows】文件夹，找到记事本应用程序名（Notepad.exe）并双击即可启动。

方法三：用查找命令来启动并运行应用程序。步骤如下：

（1）单击【开始】菜单，选择【搜索（C）】命令，单击【文件或文件夹（F）…】，打开一个搜索结果窗口。如图1-5所示。

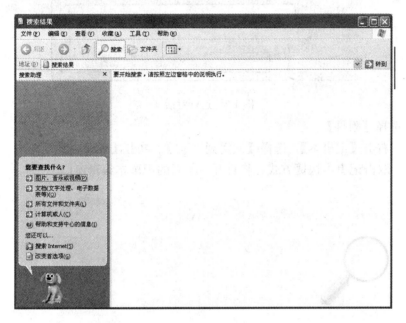

图1-5　搜索窗口

（2）在窗口左格**搜索助理**列表中单击**所有文件和文件夹（L）**，在图1-6列表窗口的**全部或部分文件名（O）**输入框中输入"Notepad.exe"，单击【搜索（R）】按钮，系统将查找到的Notepad.exe应用程序名及相关信息显示在窗口右格。

（3）双击窗口右格显示区中应用程序名Notepad.exe即可启动。

方法四：通过运行命令来启动并运行应用程序。步骤如下：

（1）单击【开始】菜单，选择【运行（R）】，打开一个运行对话框。如图1-7所示。

（2）在**打开（O）**输入框中输入"Notepad.exe"，单击【确定】按钮将打开一个新的**记事本**编辑窗口。

（3）如果不能确定要打开的程序名，可以单击【浏览（B）…】按钮，通过这个按钮打开相应的文件夹，从中选择应用程序名来运行。

方法五：通过桌面上的快捷方式启动并运行应用程序，创建记事本快捷方式的步骤如下：

（1）单击【开始】菜单，选择【程序

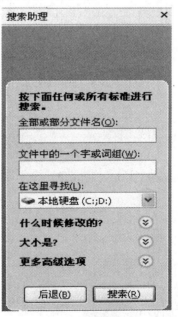

图1-6　列表窗口

图1-7 运行对话框

（P）】，选择【附件】。

（2）右击【记事本】，选择【发送到（N）】，单击【桌面快捷方式】。

（3）双击记事本快捷方式，将打开一个新的记事本编辑窗口。

实验 2 Windows 文件和文件夹的操作

实验目的

通过本实验的练习，熟练掌握 Windows 文件和文件夹的复制、移动、删除等操作

实验要求

1. 掌握 Windows 资源管理器的使用
2. 掌握文件的命名规则
3. 掌握文件和文件夹的建立
4. 掌握文件和文件夹的复制、移动、删除和重命名
5. 掌握文件和文件夹属性的设置
6. 掌握快捷方式的创建

实验内容及基本步骤

1. 启动资源管理器的方法

方法一：右击【开始】菜单，选择【资源管理器（X）】；

方法二：单击【开始】菜单，选择【程序（P）】，选择【附件】，选择【Windows 资源管理器】命令；

方法三：右击【我的电脑】图标，选择【资源管理器（X）】。

2. 资源管理器窗口显示方式的调整

右击【开始】菜单，选择【资源管理器（X）】并最大化窗口。资源管理器窗口的工作区分为左右两个窗格，左格显示资源目录，右格显示被选中资源目录中的全部文件和文件夹。如图 2-1 所示。

（1）文件和文件夹的显示方式

资源管理器窗口右格中文件和文件夹的显示方式共有五种，这五种显示方式是单选方式，只能选择其中的一种。操作步骤如下：

单击左格中【本地磁盘（C:）】，单击【查看（V）】菜单（或工具栏上的 查看图标），分别选择图标、平铺、列表、详细信息和缩略图方式显示，注意观察窗口右格中文件和文件夹显示方式的变化。

（2）文件的图标排列

将资源管理器中的文件按照一定的规则排列起来，使得从多个文件中查找某个具体的文件比较容易，Windows 可以按四种不同的方式来排列文件。操作步骤如下：

1）为清楚显示，使当前窗口右格中的内容按详细信息方式显示。

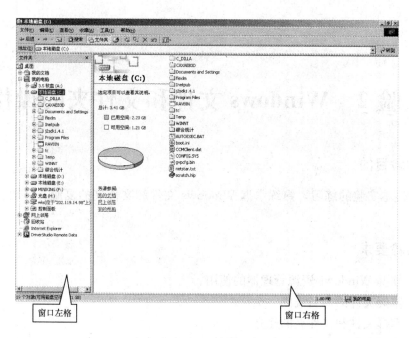

图 2-1 资源管理器窗口

2) 单击【查看（V）】菜单，选择【排列图标（I）】，在其下拉菜单中分别选择按名称、按类型、按大小和按修改时间排列，注意观察窗口右格中文件排列方式的变化。

（3）文件的命名

文件是用来保存各种信息的，如：一篇文章、一个源程序、一张照片等，它们都是以文件的形式保存，文件的物理存储介质通常是硬盘、U盘、光盘等。

文件的基本属性包括文件名、文件的大小、类型、创建时间等。文件名的命名分为两个部分，〈主文件名〉.[〈扩展名〉]，主文件名是文件的主要标识，扩展名是用来标识文件类型的。如：".doc"是 Word 文件，".jpg"是图像文件、".cpp"是 C++源程序文件。

Windows 规定，文件的主文件名必须有，而扩展名可以省略，文件名的命名规则如下：文件名最多可以由 255 个字符组成，文件名中不能包含下列字符：?、\、*、"、<、>、|、/，文件名中可以包括空格，文件名不区分英文字母的大小写，文件名中允许使用汉字。

（4）显示隐藏文件及文件的扩展名

例如：显示 C 盘 Windows 文件夹中的所有内容（包括隐藏文件）。步骤如下：

1) 单击资源管理器窗口左格中【本地磁盘（C:）】，单击 Windows 文件夹，让窗口右格中的内容以列表方式显示。

2) 单击【工具（T）】菜单，选择其中的【文件夹选项（O）…】命令，单击【查看】选项卡。

3) 在【高级设置：】区域中，选中显示所有文件和文件夹，将隐藏已知文件类型的扩展名前复选框（如图 2-2 所示）中的钩去掉，单击【确定】按钮即可。

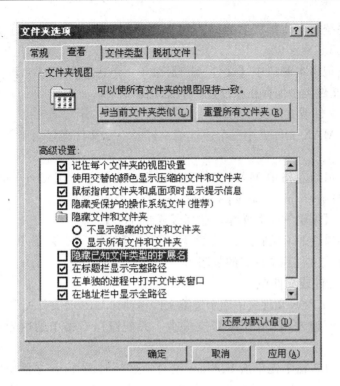

图 2-2 查看页面

3. 自定义工具栏

以在工具栏上添加**复制**按钮、**剪切**按钮和**粘贴**按钮为例,操作步骤如下:

单击【查看(V)】菜单,选择【工具栏】中的【自定义(C)…】,在弹出的对话框中,在**可用工具栏按钮框(V)**:中分别选择"复制"、"剪切"和"粘贴"命令,单击【添加(A)—>】按钮,单击【关闭(C)】按钮退出对话框,此时在工具栏上已增加了三个命令按钮。

4. 创建文件夹和文件

(1) 在 D 盘 FILETEST 文件夹中创建一个名为 XS 的文件夹。步骤如下:

1) 打开资源管理器,在窗口左格中单击【本地磁盘(D:)】文件夹,单击 FILETEST 文件夹。

2) 单击【文件(F)】菜单,选择【新建(W)】,选择【文件夹(F)】。

3) 已创建的新文件夹出现在资源管理器窗口右格文件列表底部,其默认的名字为新建文件夹,并且该名字处于编辑状态,输入"XS"。

4) 作业:在 XS 文件夹下创建两个并列的二级文件夹,其名为 XS1 和 XS2。

(2) 在 D 盘 XS 文件夹中创建一个名为 FILE1 的文本文件,文件内容为:This is a text file!。步骤如下。

1) 在打开的相应文件夹中选择 XS 文件夹。

2) 单击【文件(F)】菜单,选择【新建(W)】,选择【文本文档】。

3) 系统为这个新建文件取缺省名为新建文本文档.txt,在文件名处输入"FILE1"(文件扩展名不变)。

4) 双击文档名 FILE1.txt,则系统自动运行记事本应用程序 Notepad.exe

(这是由于系统自动将扩展名为.txt文档和记事本应用程序建立了关联)，在工作区输入"This is a text file！"。

5) 单击记事本窗口中【文件（F）】菜单，单击【保存（S）】，此文档将以原文件名和文件类型保存在原位置中，关闭窗口。

5. 复制文件或文件夹

将 D 盘 MAX 文件夹中三个不连续文件及一个文件夹复制至 XS 文件夹中。步骤如下：

1) 单击窗口左格中 MAX 文件夹，在窗口右格中使用 Ctrl＋单击，选定 3 个不连续文件 reep.cfx、ab.wps、a12.prg 及一个 a2 文件夹。

2) 单击【编辑（E）】菜单，选择【复制（C）】。

3) 在窗口左格中单击 XS 文件夹，单击【编辑（E）】菜单，选择【粘贴（P）】即可完成文件和文件夹的复制。

6. 移动文件或文件夹

将 D 盘 NERSE 文件夹中四个连续文件移动到 UROP 文件夹中。步骤如下：

1) 单击窗口左格中 NERSE 文件夹，并使窗口右格中的内容按**列表**方式显示。

2) 在窗口右格中先单击 b22.doc 文件，然后对 f21.txt 文件使用 **Shift**＋单击，则选定了 b22.doc、b23.dbf、docter.fox 及 f21.txt 这四个连续文件。

3) 单击【编辑（E）】菜单，选择【剪切（T）】。

4) 在窗口左格中单击 UROP 文件夹，单击【编辑（E）】菜单，选择【粘贴（P）】即可完成文件的移动。（同样的方式可以完成文件夹的移动）

7. 重命名文件或文件夹

将 D 盘 ACER 文件夹中 morce.scr 文件重命名为 disk.tcp。步骤如下：

1) 在窗口左格中单击 ACER 文件夹。

2) 在窗口右格中单击 morce.scr 文件，单击【文件（F）】菜单，选择【重命名（M）】，被选定的名字加上一个方框。

3) 输入新文件名"disk.tcp"，即实现了重命名文件。（同样的方式可以完成文件夹的重命名）

8. 删除文件和文件夹

删除 MAX 文件夹中的所有文件，删除 CLOCK 文件夹。步骤如下：

1) 单击 MAX 文件夹，在窗口右格中选中所有文件（注意：是文件不包含文件夹）。

2) 单击工具栏上的✕按钮（或按键盘上的 **Delete** 键），阅读确认删除的警告消息框，最后单击【是（Y）】按钮确认删除操作即可。

用同样的方法删除 CLOCK 子文件夹。

注意：硬盘上的文件或文件夹删除后，会自动进入回收站，如果希望删除的对象不进入回收站，则在删除操作时，应同时按住 **Shift** 键，此时删除的对象是不可恢复的。

9. 查看、修改文件夹和文件的属性

(1) 将 DRAW 文件夹属性改为只读+存档。步骤如下：

1) 右击 DRAW 文件夹。

2) 在弹出的快捷菜单中选择【属性（R）】，在弹出的属性对话框中可以查看到该文件的位置、大小、创建时间等信息。

3) 在属性一栏中将只读和存档前复选框选中，单击【确定】按钮，在弹出的确认属性更改对话框中选择仅将更改应用于该文件，单击【确定】按钮，该文件夹的属性即改成只读+存档。

4) 作业：将 XS 文件夹中 reep.cfx 文件的属性改为隐藏。

(2) 将 DRAW 文件夹设置成共享文件夹。步骤如下：

1) 打开 DRAW 文件夹的属性对话框。

2) 单击【共享】选项卡，选择【共享该文件夹（S）】，通过单击【权限（P）】按钮来设置权限，以便控制用户通过网络访问该文件夹的方式。

3) 单击【确定】按钮即可完成。

10. 创建快捷方式

在 XS 文件夹中创建一个到计算器（文件名为 calc.exe）的快捷方式，快捷方式名为 ToCounter。步骤如下：

1) 单击 XS 文件夹，在其窗口右格空白处右击，在弹出的快捷菜单中选择【新建（W）】，选择【快捷方式（S）】，进入创建快捷方式向导；如图 2-3 所示。

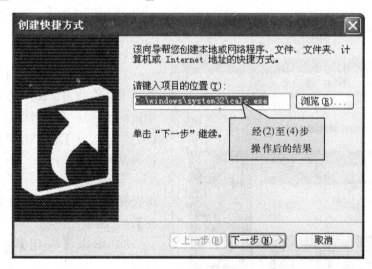

图 2-3　创建快捷方式

2) 单击【浏览（R）…】按钮，打开浏览文件夹对话框。

3) 单击本地磁盘（C:），单击 Windows 文件夹，单击 System32 文件夹。

4) 在 System32 文件夹中找到 calc.exe 并选中，单击浏览文件夹对话框中的【确定】按钮。

5) 单击【下一步（N）＞】，进入选择程序标题对话框，在键入该快捷方式名称（T）：的输入框中输入"ToCounter"，单击【完成】。

6) 双击 ToCounter，即打开了计算器的应用程序。

实验3　Windows个性化设置

实验目的

通过本实验的练习，掌握 Windows 显示属性的设置及回收站的操作

实验要求

1. 了解控制面板中资源的设置
2. 掌握屏幕背景和屏幕保护程序的设置
3. 掌握系统日期和时间的操作
4. 掌握回收站的操作

实验内容及基本步骤

1. 设置屏幕背景和屏幕保护程序

在桌面空白处右击，在弹出的快捷菜单中选择【属性（R）】，弹出**显示属性**对话框。如图 3-1 所示。

图 3-1　显示属性

（1）设置屏幕背景

1）在显示属性中选择【桌面】选项卡，在**背景（K）**：下拉列表框中选择 Coffee Bean 图片（或单击【浏览（B）…】，在浏览对话框中选择需要的图片）。

2）在位置（P）：下拉列表中可选择【居中】、【平铺】或【拉伸】，如图 3-2 所示。

3）单击【应用】按钮即可完成。

（2）设置屏幕保护程序

屏幕保护程序是当使用 Windows 系统时，如果较长一段时间没有进行任何操作，系统可自动启动屏幕保护程序，对显示器和系统进行保护。

例如：设置屏幕保护程序为**字幕显示**，文字内容为"大学计算机基础实验"，位置：随机，背景颜色：浅蓝色，文字字体：隶书，字形：粗斜体，字号：二号，字体颜色：红色。步骤如下：

1）在显示属性中选择【屏幕保护程序】选项卡，在**屏幕保护程序（S）**下拉

列表中选择**字幕**；如图 3-3 所示。

2) 单击【设置（T）…】按钮，弹出字幕设置对话框，在文字(**X**)输入框中输入"大学计算机基础实验"，选择【随机】，拖动**速度滑块**，如图 3-4 所示。

3) 单击【文字格式（F）…】按钮，选择**隶书**、**粗斜体**、**二号**、**红色**，单击【确定】按钮。

4) 在**背景颜色**（**B**）：列表框中选择**浅蓝色**（结果如图 3-4 所示），单击【确定】，单击【预览(V)】即可查看设置效果。

5) 可以在图 3-3 中选中**在恢复时使用密码保护**（**P**）：复选框，这样，当计算机进入屏幕保护状态后，需要输入密码方可重新回到桌面。在**等待**（**W**）：框中通过调节微调按钮设置等待时间为 1 分钟，最后单击【确定】按钮。

2. 对系统日期和时间的操作

（1）设置系统的日期和时间

1) 鼠标单击【开始】菜单，选择【设置（S）】，单击【控制面板（C）】。

2) 双击【日期/时间】图标。

图 3-2　桌面选项卡

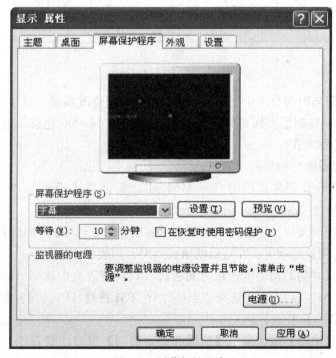

图 3-3　屏幕保护程序

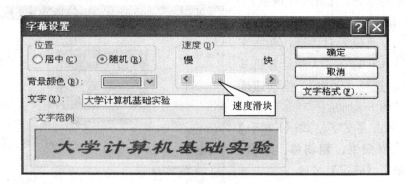

图 3-4 字幕设置结果

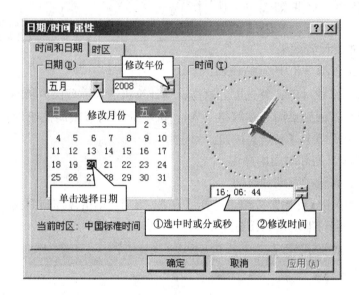

图 3-5 日期/时间对话框

3) 在**日期与时间**页面中根据实际的日期和时间修改系统的日期和时间的值，如图 3-5 所示，在**时区**页面将时区设定为（GMT＋08：00 北京，重庆，香港特别行政区，乌鲁木齐）。

（2）设置系统日期和时间的显示样式

将系统的短日期样式设为"yy-MM-dd"，时间样式设置为"tthh：mm：ss"，上午符号为"AM"，下午符号为"PM"。步骤如下：

1）在【控制面板（C）】窗口中双击【区域和语言选项】，单击【自定义】按钮，单击【日期】选项卡，在**短日期格式**（S）：列表框中选择 yy－MM－dd。

2）单击【时间】选项卡，在**时间格式**（T）：列表框中选择 tthh：mm：ss，在 **AM 符号**（M）：列表框中选择"上午"，在 **PM 符号**（P）：列表框中选择"下午"，结果如图 3-6 所示。

3）单击【确定】按钮退出【区域和语言选项】窗口，察看任务栏右下角时间显示的变化。

3. 回收站的操作

从磁盘上删除的文件和文件夹，并没有真正地被删除，而是放入了回收站中，若发生了误删除操作，可通过回收站提供的**还原**进行恢复；若删除的是 U 盘或网络盘上的文件或文件夹，系统不会放入回收站，故不能恢复。

例如：将回收站中 CLOCK 文件夹还原，并执行清空回收站操作，将回收站的容量调整为系统硬盘总容量的 5%。步骤如下：

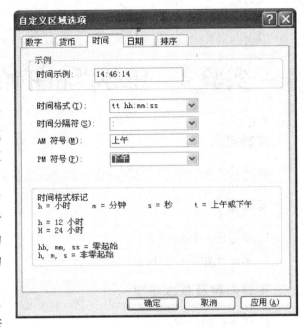

图 3-6　时间选项

1) 双击【回收站】图标，右击 CLOCK 文件夹，在快捷菜单中选择【还原】即可。

2) 单击【清空回收站】按钮，阅读确认删除的警告消息框，最后单击【是(Y)】即可。

3) 右击【回收站】图标，选择【属性(R)】，利用鼠标拖动滑标，将系统回收站的容量调整为系统硬盘总容量的 5%（默认为 10%）。如图 3-7 所示。

4) 单击【确定】，完成设置。

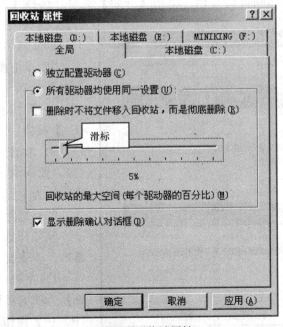

图 3-7　回收站属性

实验4　任务栏和开始菜单的设置

实验目的

通过本实验的练习，掌握任务栏和开始菜单的基本操作

实验要求

1. 掌握任务栏的设置
2. 掌握开始菜单的设置

实验内容及基本步骤

1. 任务栏的设置

右击任务栏中空白区域，在快捷菜单中选择【属性（R）】，弹出任务栏和开始菜单属性对话框，如图4-1所示。

单击任务栏选项卡页面中各个复选框，然后单击【应用】按钮，观察任务栏上相应的变化。

2. 开始菜单的设置

（1）删除最近访问过的文档、程序和网站记录。步骤如下：

1) 查看最近访问过的文档：单击【开始】菜单，选择【文档（D）】，在打开的文档列表中将列出最近打开过的文档名。

2) 单击图4-1中【「开始」菜单】选项卡，单击【自定义（C）…】按钮，单击【清除（C）】按钮。

3) 验证结果：重复步骤（1），此时在打开的文档列表中显示为空。

（2）删除开始菜单中项目

删除开始菜单附件中的**记事本**。步骤如下：

1) 在图4-1【「开始」菜单】选项卡页面中单击【删除（R）…】按钮，弹出**删除快捷方式/文件夹**对话框。

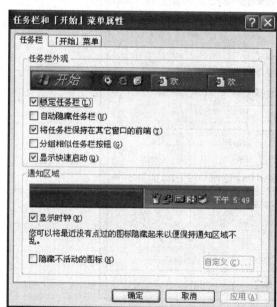

图4-1　任务栏和开始菜单

2) 单击附件文件夹前的'+'号,选中【记事本】(它实际上是记事本程序 Notepad.exe 的快捷方式),单击【删除(R)】,阅读确认删除的警告消息框,单击【关闭】即可。

3) 验证结果:单击【开始】菜单,选择【程序(P)】,选择【附件】,附件子菜单中已无记事本项目。

3. 在开始菜单中添加项目

将写字板程序"WRITE.EXE"的快捷方式添加到**开始**菜单的**程序**项中,快捷方式名为"写字板"。步骤如下:

1) 在图 4-1【「开始」菜单】选项卡页面中单击【添加(D)…】按钮,进入创建快捷方式向导,单击【浏览(R)】按钮。

2) 单击我的电脑,单击本地磁盘(C:),单击 Windows 文件夹,单击 system32 文件夹。

3) 在 system32 文件夹中找到 write.exe 并选中,单击【确定】按钮;如图4-2 所示。

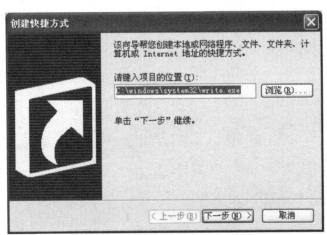

图 4-2 创建快捷方式对话框

4) 单击【下一步(N)>】,进入**选择程序文件夹**对话框。如图 4-3 所示。

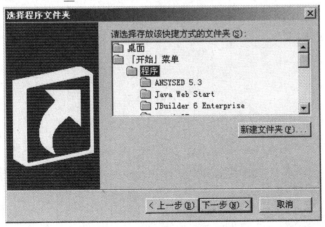

图 4-3 选择程序文件夹对话框

在该对话框中显示了【开始】菜单的层次结构（如果在其中选择了桌面，则将在桌面上建立 write.exe 的快捷方式）。

5）选择【程序】，单击【下一步（N）>】，进入**选择程序标题**对话框，在**键入该快捷方式名称（T）**：的输入框中输入"写字板"，单击【完成】按钮。

6）验证结果：单击【开始】菜单，选择【程序（P）】，发现程序子菜单中已添加写字板项目。

实验 5　系统配置程序
（Msconfig 程序的使用）*

实验目的

通过本实验的练习，了解系统配置程序的使用

实验要求

理解并掌握系统配置程序的使用

实验内容及步骤

系统配置实用程序（Msconfig）是微软在 Windows 系统中提供的一个实用工具，它主要用来管理电脑的自启动程序及查看加载的系统服务等。

1. Msconfig 的启动

单击【开始】菜单，选择【运行（R）…】，在**打开（O）**：输入框中输入"Msconfig"回车，即可启动系统配置实用程序。如图 5-1 所示。

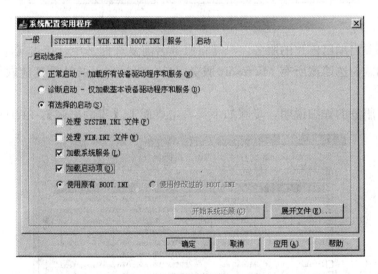

图 5-1　系统配置实用程序

2. 选择启动方式

默认情况下，Windows 采用的是**正常启动**模式（即在启动操作系统时加载所有设备的驱动和系统服务程序），但是有时候由于设备驱动程序遭到破坏或服务故障，常常会导致启动出现一些问题，这时可以在**一般**选项**启动选择**中选择**诊断启动**，**诊断启动**方式仅仅加载基本设备的驱动与服务程序，如果启动没有问

题，可以依次加载设备和服务来判断问题出处，这种启动模式有助于我们快速找到启动故障原因。一般情况下，我们可以选择**有选择的启动（S）**，并将项目的前两项不选，因这两项主要是为兼容低版本的操作系统而设置的。

3. 服务选项

系统服务会随 Windows 一起启动，而一些软件也常常把自己的一些组件注册为系统服务。单击【服务】选项卡，系统配置实用程序会列出系统所有的服务，在**基本的**选项中还可以查看到该服务是否是系统的基本服务，通过**制造商**、**状态**可以了解服务提供商和运行状态，如图 5-2 所示。

图 5-2 服务选项

如果要启动已停止的服务，只需将服务名前复选框选中，单击【应用（A）】即可启动。勾选**隐藏所有 Microsoft 服务（I）**，此时列出的就是其他软件注册的系统服务。

查看服务的详细说明，步骤如下：右击桌面上【我的电脑】，在弹出的快捷

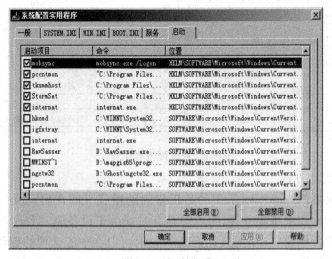

图 5-3 启动选项

菜单中选择【管理(G)】,在弹出的窗口左格中单击**展开服务和应用程序**前的'+'号,单击【服务】,即可在窗口右格看到所有服务及详细描述。

4. 启动选项

单击【启动】选项卡,在窗口中列出本机中所有的自启动项目。如图5-3所示。

启动选项中包含的项目是随 Windows 一起启动的各种程序,它们在开机启动操作系统后即被自动加载,如果加载的程序过多就会影响计算机的启动速度,此时可以单击【全部禁用(D)】,然后勾选需自动启动的项目,最后单击【确定】重启后即可生效。

实验 6　命令行方式使用计算机*

实验目的

通过本实验的练习，了解并掌握 MS-DOS 的常用命令

实验要求

理解并掌握本实验的内容

实验内容及基本步骤

1. MS-DOS 的启动

单击【开始】菜单，选择【运行（R）…】，在打开（O）：输入框中输入"cmd"回车，即可进入 DOS 提示符状态，此时可以从键盘上输入 DOS 的一些常用命令。

2. 目录操作命令

（1）返回当前盘根目录（注意命令输入完成后，回车方可执行）

命令：CD \　（如图 6-1 所示）。

图 6-1　CD 命令

（2）将 D 盘设为当前盘

命令：D：

（3）进入二级子目录 MAX

命令：CD \ FILETEST \ MAX

（4）将 D 盘 MAX 文件夹中 reep.cfx 文件复制到 XS 文件夹中

命令：COPY D：\ FILETEST \ XS \ file1.txt D：\ FILETEST \ MAX

（5）显示 D 盘 XS 文件夹中所有文件及文件夹

命令：DIR D：\ FILETEST \ XS

（6）在 D 盘 FILETEST 文件夹（目录）中创建子目录 SUB

命令：MD D：\ FILETEST \ SUB

3. 在屏幕上输出文件的内容

显示 C 盘根目录下 BOOT.INI 的内容

命令：TYPE C：\ BOOT.INI

4. 检测与指定计算机的网络连接情况

1）检测本机网卡安装或配置是否正确。

命令：PING 127.0.0.1-t（127.0.0.1 代表本机的 IP 地址，-t 表示连续对 IP 地址执行 Ping 命令，直到被用户以 Ctrl＋C 中断）

如果本机网卡安装配置没有问题，则应有类似下列显示：

Pinging 127.0.0.1 with 32 bytes of data：

Reply from 127.0.0.1：bytes＝32time＜10ms TTL＝128

Reply from 127.0.0.1：bytes＝32time＜10ms TTL＝128

如果显示内容为：Request timed out，则表明本机网卡安装或配置有问题。

2）检测局域网中的网关路由器是否正常运行。

命令：PIN G10.1.31.1 Vt（10.1.31.1 代表网关地址，每个实验室的网关地址有可能不同）

3）检测本机能否正常访问 Internet。

命令：PIN G 10.1.30.81 Vt（10.1.30.81 代表某台远程计算机地址）

5. 显示当前 TCP/IP（网络协议）配置的设置值

1）显示本机中网络适配器（网卡、拨号连接等）的 IP 地址、子网掩码及默认网关。

命令：IPCONFIG

2）显示本机完整的 TCP/IP 配置信息。

命令：IPCONFIG/ALL

6. 结束 MS-DOS 的运行

命令：EXIT

第二部分 文字处理

实验 7 Word 基本操作

实验目的

通过实验熟悉文字录入方法，掌握文档的字块操作和查找替换操作

实验要求

1. 掌握 Word 文档的打开、存储与关闭的方法
2. 熟悉文字录入方法及提高文字录入速度
3. 掌握 Word 文档的字块操作、查找替换方法

实验内容及操作步骤

1. Word 文档的打开、存储、关闭

（1）Word 文档的打开

选择【开始】菜单中的【程序（P）】子菜单中的【Microsoft Office】子菜单中的【Microsoft Office Word 2003】命令，Word 自动打开一个名为【文档 1】的新文档。如果 Word 文档已经存在，双击该文档名，Word 就自动打开它。

（2）Word 文档的存储

选择【文件（F）】菜单中的【另存为（A）】命令，弹出【另存为】对话框。在文件名编辑框中键入文件名"Word 基本操作"，在保存位置选择框中选择"D（D:）"，如图 7-1 所示，然后单击【保存（S）】按钮。

（3）Word 文档的关闭

图 7-1 另存为对话框

单击"☒关闭"按钮,关闭 Word 文档。
2. 文字录入操作
双击 D 盘上"Word 基本操作.doc",在文档中输入方框内内容:

> 一、环境适应篇
> 1. 如何适应新的校园环境?
> 首先要尽快熟悉校园的"地形"。其次,要多向高年级的同学请教。另外,向自己的同乡请教也是不错的选择。
> 2. 如何适应校园中的人际环境?
> 3. 如何适应语言环境?
> 二、生活适应篇
> 三、学习适应篇
> 四、心理适应篇

在输入文本时,注意以下几点:

1) 输入汉字时,可以通过组合键"Ctrl+空格"切换出中文输入法,常用的中文输入法有全拼、五笔、智能 ABC、双拼、郑码等,由组合键"Ctrl+Shift"切换各种输入法。切换出中文输入法后,任务栏左端出现一个输入法状态窗口,如图 7-2 所示。

图 7-2　中文输入法窗口

输入标点符号时,中文和英文标点符号所占的字节是不一样的,中文标点符号和汉字一样占两个字节,英文标点符号占一个字节。因此,在输入标点符号时要注意中/英标点符号状态,　表示处于中文标点状态,　表示处于英文标点状态。键盘相对应的常用标点符号如表 7-1 所示。

中文标点符号与键盘上键位的转换关系　　表 7-1

中文标点	键位	说明	中文标点	键位	说明
。		句号	·	@	间隔号
、	\	顿号	——	—	破折号
" "	"	自动配对	《 》	〈	自动配对
' '	'	自动配对	〉》	〉	自动配对
—	&	连接号	¥	$	人民币符号
……	.	省略号			

2) 输入数字及其他符号时,要注意全角/半角状态,　表示处于半角状态,占一个字节,　表示处于全角状态,占两个字节。
3) 键入属于同一个段落的文本时,如键入的内容超过了一行,文本将在行

的末端自动换行，无需也不能在行尾按 Enter 键。只有在开始一个新段落时才按 Enter 键。

　　4）不要用空格对齐文本，要用缩进或段落对齐选项来对齐文本。

　　5）在输入比较冷僻的字时，选择全拼输入法。

3. Word 字块操作

（1）选定字块的方法

　　1）连续：直接按住左键拖动。

　　2）不连续：先按住左键拖动一块连续的，再按住 Ctrl 键拖动另一块。

　　3）矩形块：按住左键拖动时同时按住 Alt 键。

　　4）一个单词：双击左键两下。

　　5）一行：鼠标移至选择条处，指向某一行，单击左键一下。

　　6）一段：鼠标移至选择条处，指向某一段，双击左键两下。

　　7）全选：同时按住 Ctrl＋A 键；或者鼠标移至选择条（工作区最左侧，鼠标变成向右斜向箭头）处，连击左键三下。

（2）字块移动（把文档中第一段移动到文档结束处）

　　1）选定第一段；

　　2）单击常用工具栏中的【剪切】按钮；

　　3）光标定位到文档结束处；

　　4）选择常用工具栏中的【粘贴】按钮。

（3）字块复制（把最后一段文字复制到文档开始处）

　　1）选定最后一段；

　　2）单击常用工具栏中的【复制】按钮；

　　3）光标定位到文档开始处；

　　4）单击常用工具栏中的【粘贴】按钮。

4. 撤销操作

在 Word 中，可以选择常用工具栏中的【撤销】按钮撤销当前操作。

现在我们选择【撤销】按钮两次，观察文档发生什么变化。

5. Word 的查找、替换

（1）查找（查找出文档中的"如何"）

　　1）单击【编辑（E）】菜单中的【查找（F）】命令，弹出【查找和替换】对话框；

　　2）在查找内容编辑框中输入"如何"，单击【查找下一处（F）】按钮，Word 将用反白显示查找到的内容，若要继续查找，再次单击【查找下一处（F）】按钮。结束查找，单击【取消】按钮。

（2）替换（把文档中的"适应"替换成"《适应》"）

　　1）光标定位文档开始处；

　　2）单击【编辑（E）】菜单中的【替换（E）】命令，弹出【查找和替换】对话框；

　　3）在查找内容编辑框中输入"适应"，替换为编辑框中输入"《适应》"，如

图 7-3 所示,点击【替换】按钮,Word 将用反白显示查找到的内容,若要替换,再次点击【替换】按钮,按一次【替换】按钮,替换一次;点击【全部替换】按钮,替换文档中所有的。替换结束,点击【关闭】按钮。

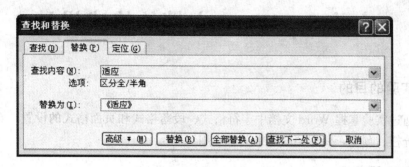

图 7-3 查找替换对话框

(3) 替换(把文档中的"《适应》"替换为带格式的"《适应》")
格式为华文行楷、小三、加粗、红色,如图 7-4 所示。

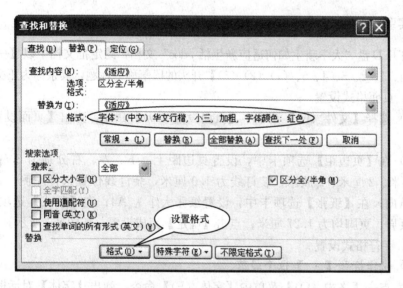

图 7-4 带格式的查找和替换对话框

6. 保存

最后将文档以文件名"Word 基本操作.doc"保存到磁盘中。

实验 8 Word 文档的格式设计

实验的目的

通过实验掌握 Word 文档中字符格式、段落格式和页面格式的设置,熟悉文档的分栏、预览,使文档的效果美观实用。

实验要求

1. 掌握 Word 文档中字符格式、段落格式和页面格式的设置方法
2. 理解 Word 文档的分栏、预览

实验内容及操作步骤

打开 D 盘"大学新生如何适应新生活.doc"文档,约定把文档中以【一、二、三、四、1、2、3、4、5、(1)(2)(3)】开头的段落称为标题,其余称为正文。

1. 页面格式设置

1) 选择【文件(F)】菜单中【页面设置(U)】命令,弹出【页面设置】对话框。

2) 在【页边距】选项卡中,设置页边距上、下、左、右分别为 3.5 厘米、3.5 厘米、2 厘米、2 厘米;装订线为 1.0 厘米,装订线位置选择左侧,方向选择为纵向;在【纸张】选项卡中,设置纸张大小为 A4;在【版式】选项卡中,设置页眉、页脚均为 1.27 厘米;点击【确定】完成设置,如图 8-1 所示。

2. 字符格式设置

1) 选定标题【一、】这个段落。

2) 点击【格式(O)】菜单中【字体(F)】命令,弹出【字体】对话框。

3) 在【字体(N)】选项卡中,设置中文字体为隶书、字形为加粗倾斜、字号为二号字、字体颜色为红色、有着重点、字下加双下划线;在【字符间距(R)】选项卡中,设置字符间距加宽 4 磅;在【文字效果(X)】选项卡中,设置效果为七彩霓虹;点击【确定】完成设置,如图 8-2 所示。

练习:将正文第一段设置字体为方正姚体、字号为四号字、颜色为橙色、效果为空心。

注意:在 Word 中可以对字号直接设置磅值(单位缺省为磅),使字达到预想的大小。

3. 格式刷(把设置好的文字格式复制到其他文字上)

1) 光标定位到标题【一、环境适应篇】中。

2) 点击常用工具栏中的"格式刷"按钮。

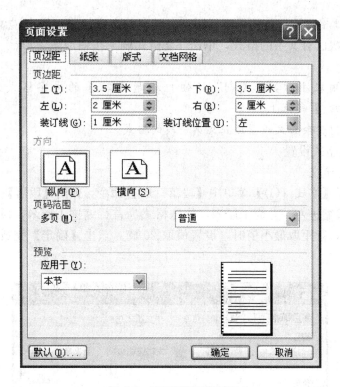

图 8-1　页面设置对话框

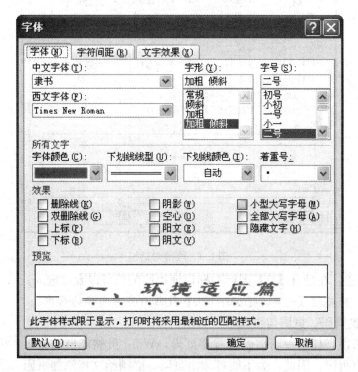

图 8-2　字体对话框

3）移动鼠标到标题【二、】开始处。按下左键拖动至结束处，松开左键，这段文字便自动转换成已有文字格式。

单击"格式刷"按钮只能复制一次已有的文字格式；双击"格式刷"按钮可复制多次已有文字的格式，单击"格式刷"按钮或按"Esc"键取消格式复制。

练习：用双击"格式刷"按钮把标题【二、】的文字格式复制到标题【三、】和【四、】段落上。

练习：把其余正文设置成正文第一段的格式。

4. 段落格式设置

1）选定全文。

2）选择【格式（O）】菜单中【段落（P）】命令，弹出【段落】对话框。

3）设置缩进左、右为1厘米，特殊格式为首行缩进1厘米，段前、段后的值为0.5行，行距取最小值时，设置值取20磅，点击【确定】完成设置，如图8-3所示。

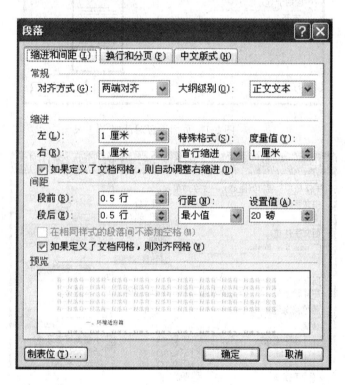

图8-3 段落对话框

4）注意：在带有【】图标的标记框里面的值可以直接输入。

练习：将标题【一、二、三、四、】段落对齐方式设为居中。

5. 设置页码、页眉与页脚

一般来说，任何一篇文档都需要页码，Word虽然能自动分页，但不会自动为文档标出页码。因此，为了能打印出页码，必须给文档添加页码。

（1）页码

选择【插入（I）】菜单中的【页码（U）】命令，弹出【页码】对话框，设置页码位置在页面底端，对齐方式为居中，首页不显示页码，如图8-4所示，点击【格式（F）】按钮，弹出【页码格式】对话框，点击【确定】完成设置，如图 8-5 所示。

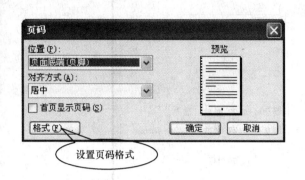

图 8-4 页码对话框

图 8-5 页码格式对话框

（2）页眉和页脚

首先在文档开始处插入一个分页符（选择【插入（I）】菜单中的【分隔符（B）】命令，弹出【分隔符】对话框，选择【分页符（P）】），用同样的方法在标题"二、三、四"行首处插入分页符。

1）光标定位在文档开始处，选择【视图（V）】菜单中的【页眉和页脚（H）】命令，进入页眉的编辑状态，同时弹出【页眉和页脚】工具栏，如图 8-6 所示。

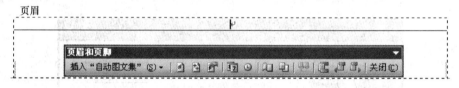

图 8-6 页眉的编辑状态

2）点击【页眉和页脚】工具栏中的【页面设置】按钮，弹出【页面设置】对话框，选择【版式】选项卡，设置首页不同（P），点击【确定】完成设置，如图 8-7 所示。

3）Word 自动进入到首页页眉处，输入"目录"，设置对齐方式为居右。

4）点击【页眉和页脚】工具栏中的【显示下一项】按钮，进入下一页页眉处，输入"大学新生如何适应新生活"，设置字体为楷体、字号小四号。

5）点击【页眉和页脚】工具栏中的【在页眉和页脚间切换】按钮，切换到插入页脚状态，在页脚中插入当前的时间和本人学号及姓名，点击【页眉和页脚】工具栏中的【关闭】按钮。

注意：页码、页眉和页脚的内容设置好后，在文档编辑时页眉页脚是灰化的，如需进行修改，必须双击相关内容。

（3）设置报版分栏

1）选中以"英国心理学家……"开头的段落。

2）点击【格式（O）】菜单中【分栏（C）】命令，弹出【分栏】对话框，设

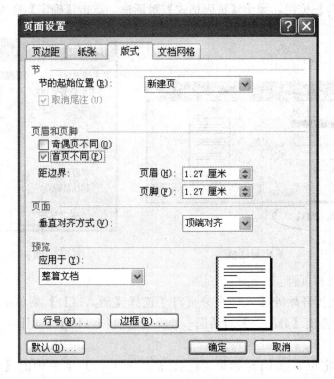

图 8-7 页面设置对话框

置分二栏、栏宽相等、有分隔线,点击【确定】完成设置,如图 8-8 所示。

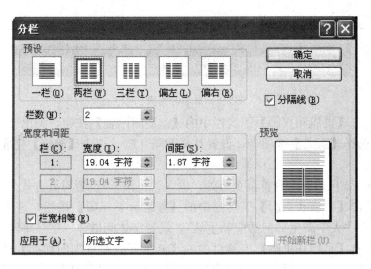

图 8-8 分栏对话框

(4) 打印预览

点击【文件(F)】菜单中的【打印预览(V)】命令,可以在屏幕上预览整个文档在打印机上的效果。

6. 保存

最后将文档以文件名"Word 格式设计.doc"保存在磁盘中。

实验 9　Word 中的表格设计

实验目的

通过实验掌握表格的操作，了解表格与文本的相互转换

实验要求

1. 掌握表格的建立、编辑、格式设置方法
2. 了解表格与文本的相互转换

实验内容及实验步骤

1. 表格的制作

表格是由一系列彼此相连的方框组成的，每个方框称为一个单元格，每个单元格都相当于一个小的文本编辑器，各种编辑操作都可以在单元格中进行。表格中可以包含文本、图形、数值等。

（1）创建表格

1）新建一个空文档。

2）选择【表格（A）】菜单中的【插入（I）】子菜单中的【表格（T）】命令，弹出【插入表格】对话框，设置行数为 3，列数为 5，点击【确定】完成设置，如图 9-1 所示。

（2）合并单元格

1）选中第 1 列的第 2 行和第 3 行。

2）选择【表格（A）】菜单中的【合并单元格（M）】命令，则将选中的两个单元格合并为一个单元格。

练习：把第 1 行的第 1 列和第 2 列合并为一个单元格。

（3）拆分单元格

1）选中第 1 行的第 1 列。

2）选择【表格（A）】菜单中的【拆分单元格（P）】命令，弹出【拆分单元格】对话框，设置列数为 3，行数为 1，如图 9-2 所示，点击【确定】

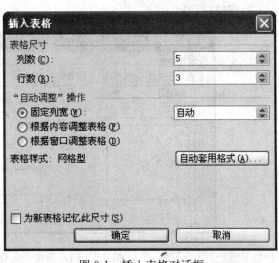

图 9-1　插入表格对话框

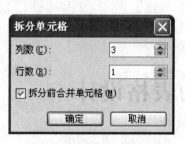

图9-2 拆分单元格对话框

按钮。

(4) 插入一行

1) 选中第2行。

2) 选择【表格（A）】菜单中的【插入（I）】子菜单下的【行（在下方）（B）】，一行插入完成。

练习：在第1行上方插入1行。

(5) 删除一行

1) 选择第1行。

2) 选择【表格（A）】菜单中的【删除（D）】子菜单中的【行（R）】命令，删除完成。

练习：把第1行的第1至3列合并为1列。

(6) 在表中输入内容

在生成的空表中输入如表9-1所示信息。

表格信息　　　　　　　　　　　　　　表9-1

		张丹青	李国庆	刘佳
团支部	团支书	25	4	5
	宣传委	3	23	3
	组织委		1	20

2. 表格的编辑

(1) 绘制斜线表头

1) 选中第1行第1列。

2) 选择【表格（A）】菜单中的【绘制斜线表头（U）】命令，弹出【插入斜线表头】对话框，选择表头样式为样式一，行标题为"姓名"，列标题为"职务"，点击【确定】完成设置，如图9-3所示。

(2) 调整行高

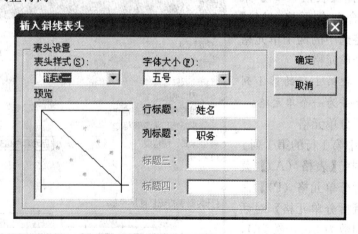

图9-3 插入斜线表头对话框

1）选定第 2 至 4 行。

2）选择【表格（A）】菜单中的【表格属性（R）】命令，弹出【表格属性】对话框，点击行（R）选项卡，指定高度为 1 厘米，点击【确定】完成设置，如图9-4所示。

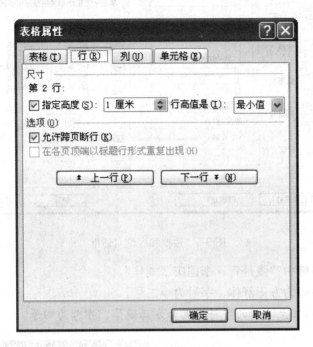

图 9-4　表格属性对话框

练习：把表格第 3 至 5 列的每个列宽调整为 3 厘米。

（3）设置表格边框和底纹

1）设置表格的整个边框和底纹

① 选定表格。

② 选择【格式（O）】菜单中的【边框和底纹（B）】命令，弹出【边框和底纹】对话框，在【边框（B）】选项卡中，设置选择网格，线型选择 ══════、颜色为红色，宽度为 1.5 磅，在【底纹（S）】选项卡中，填充为黄色，点击【确定】完成设置，如图 9-5 所示。

2）设置表格中单独线或单元格的边框和底纹

①点击【　表格和边框】按钮，弹出如图 9-6 所示的工具栏。

②鼠标变成　，【线型】选择　　　　　，【粗细】选择 1/2 磅，　【边框颜色】为红色，　直接在表格的第二条横线上拖动，所要求的线就画成功了。

练习：把表格第 2 行第 1 单元格的底纹设置成浅绿。

（4）设置文字方向

1）选定第 2 行第 1 列。

2）点击【格式（O）】菜单中的【文字方向（X）】命令，弹出【文字方向—表格单元格】对话框，选择竖向，点击【确定】完成设置，如图 9-7 所示。

（5）表格字符格式

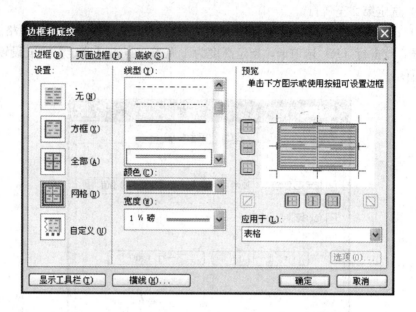

图 9-5　边框和底纹对话框

1) 选定表格中"张丹青、李国庆、刘佳"。
2) 设置字体为方正舒体、字号为小二号。

练习：把第 2 至 4 行的字符设置为方正姚体、字号为四号。

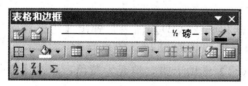

图 9-6　表格和边框工具栏

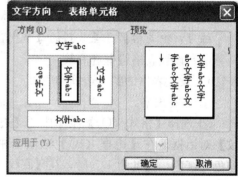

图 9-7　文字方向对话框

（6）表格字符对齐方式

1) 选定第 3 列至第 5 列的单元格内容。
2) 点击【■表格和边框】按钮，弹出【表格和边框】工具栏，点击【■单元格对齐方式】按钮里的【■中部居中】按钮，单元格中的内容全部居中。

练习：把第 1 列和第 2 列（除斜线表头）的字符的对齐方式设置为居中。

3. 表格与文本的相互转换

（1）表格转换成文字

1) 在文档结束处插入分页符，完整地复制整张表格至后一页（以下的操作在复制的表格上进行）。

2）选定复制的表格。

3）选择【表格（A）】菜单中的【转换（V）】子菜单中的【表格转换成文字（B）】命令，弹出【表格转换成文字】对话框，选择文本分隔符为制表符，点击【确定】完成设置，如图9-8所示。

（2）文字转换成表格

1）选定上一步所转换出来的文字。

2）选择【表格（A）】菜单中的【转换（V）】子菜单中的【文字转换成表格（X）】命令，弹出【文字转换成表格】对话框，选择列数为5，文字分隔位置选择制表符，点击【确定】完成设置，如图9-9所示。

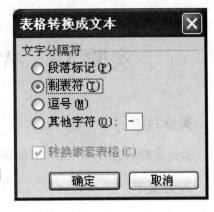

图9-8　表格转换成文本对话框

4．保存

将文档以文件名"Word表格设计.doc"保存在磁盘中。

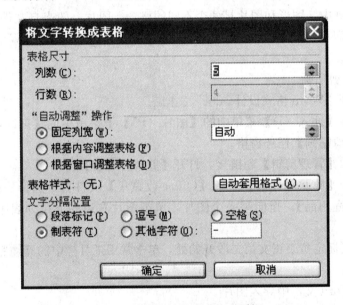

图9-9　将文字转换成表格对话框

实验 10 Word 的图文混排

实验目的

通过实验掌握图片的导入和编辑，掌握文本框的使用，实现图文混排

实验要求

1. 熟练掌握图片的导入和编辑
2. 掌握文本框的使用方法

实验内容及操作步骤

在 Word 中，图形和图片是两个不同的概念，图片一般来自文件，或者来自扫描仪和数码相机，也可以是一个剪贴画等元素。而图形是指用 Word 绘图工具所画的元素。

1. 插入剪贴画

1）打开"Word 格式设计.doc"文档。

2）选择【插入（I）】菜单中的【图片（P）】子菜单中的【剪贴画（C）】命令，打开【剪贴画】任务窗格。

3）单击【管理剪辑】超链接，打开【剪辑管理器】窗口。

4）展开【收藏集列表】中的【Office 收藏集】文件夹，选择一种剪贴画类型，如【家庭用品】，指向某一个图片，单击图片右边的下拉列表中的【复制】命令。

5）将光标定位于正文第二段开始处，单击常用工具栏中的【 粘贴】按钮，插入剪贴画。

2. 在 Word 文档中导入图片

1）将光标定位于正文第三段开始处。

2）点击【插入（I）】菜单中的【图片（P）】子菜单中的【来自文件（F）】命令，弹出【插入图片】对话框，选择文件名为 apple.jpg，如图 10-1 所示，点击【插入（S）】按钮。

3. 裁剪图片

1）选中上述图片，弹出【图片】工具栏，如图 10-2 所示。

2）单击【 裁剪】按钮，把鼠标移动到图片的某个控制点上，按下左键拖动，把图片按图 10-3 及图 10-4 示例的要求进行裁剪。

4. 图片格式的设置

1）选中上述图片。

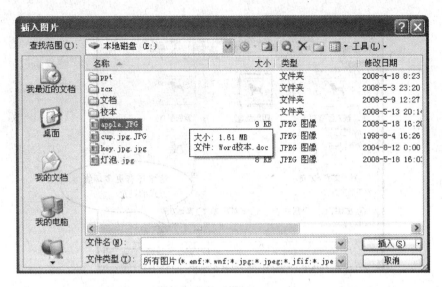

图 10-1　插入图片对话框

图 10-2　图片工具栏

2）点击右键，选择【设置图片格式（I）】命令，弹出【设置图片格式（I）】对话框，选择【版式】选项卡，设置环绕方式为四周型，对齐方式为左对齐，选择【大小】选项卡，设置尺寸为2厘米×2厘米，如图10-5所示，点击【确定】按钮，观察图片和文档混排的效果。

图 10-3　原图　　　　　图 10-4　裁剪后

练习：将前面插入的剪贴画，设置环绕方式为衬于文字下方，大小为3厘米×3厘米。

5. 文本框

（1）插入文本框

1）选择【插入（I）】菜单中的【文本框（X）】子菜单中的【横排（H）】命令。

2）在文档的空白处按住左键拖动，画出一个空的文本框。

（2）在文本框中输入文字

图 10-5　设置图片格式对话框

1) 选中文本框。
2) 输入"金钥匙",并将其字体设置为幼圆、字号为小二号、颜色为黑色。
(3) 在文本框中插入图片
1) 定位光标在文本框内。
2) 插入图片文件（key.jpg）到文本框内和文字混排如图 10-6 所示。

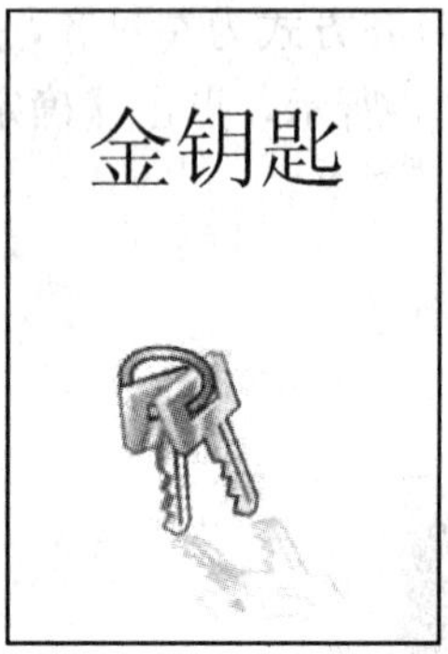

(4) 设置文本框格式
1) 选定文本框。
2) 点击右键,选择【设置文本框格式(O)】,弹出【设置文本框格式】对话框,选择【颜色与线条】选项卡,设置文本框填充、线条颜色为无色,选择【版式】选项卡,和正文的环绕方式为浮于文字上方,点击【确定】按钮。
3) 拖动文本框到正文第三自然段中间,完成设置。

6. 保存

将文档以文件名"Word 图文混排.doc"保存在磁盘中。

图 10-6　文本框内容

实验 11　高级工具*

实验目的

通过实验掌握 Word 中艺术字和公式的设置，了解文档结构图与目录的设置

实验要求

1. 掌握艺术字和公式的设置
2. 了解文档结构图与目录的设置

实验内容及操作步骤

1. 艺术字

打开"Word 图文混排.doc"文档

1) 点击【🅰插入艺术字】按钮。
2) 选择【　】样库，点击【确定】按钮。
3) 弹出【编辑"艺术字"文字】对话框，键入"大学新生如何适应新生活"，点击【确定】按钮，如图 11-1 所示。

图 11-1　艺术字

把此艺术字拖动到标题【一、】段落上方，作为文档题目。

2. 公式

（1）点击【公式编辑器】按钮，弹出【公式编辑器】工具栏，进入公式编辑窗口，如图 11-2 所示。

（2）输入"$\lim\limits_{\substack{x\to\infty\\y\to\infty}}\left(\dfrac{xy}{x^2+y^2}\right)^{x^2}$"公式，步骤如下：

1) 选择模板【　】中的【　】工具板，在大输入槽内输入"lim"，光标移到另一个输入槽输入"x"，选择符号【→⇔↓】中的【→】，选择符号【δ∞ℓ】中的【∞】，敲一个回车键，输入"y"，选择符号【→⇔↓】中的【→】，选择符号【δ∞ℓ】中的【∞】，公式成为 $\lim\limits_{\substack{x\to\infty\\y\to\infty}}$，再将光标移动到其后。

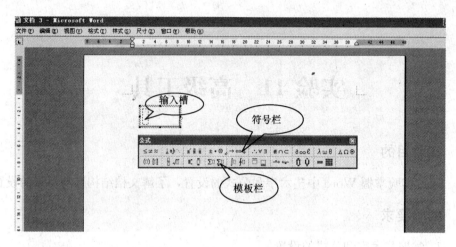

图 11-2 数学公式编辑窗口

2) 输入"()"。

3) 光标定位在()中,选择模板【▦√▯】中的【▦】工具板,光标定位在分子槽内输入 xy,公式成为 $\lim\limits_{\substack{x\to\infty\\y\to\infty}}(\frac{xy}{})$。

4) 光标定位分母里输入槽内,输入"x",选择模板【▯】中的【▮】工具板,在输入槽内输入"2",再将光标移动到其后,输入"$+y$",选择模板【▯】中的【▮】工具板,在输入槽内输入"2",公式成为 $\lim\limits_{\substack{x\to\infty\\y\to\infty}}\left(\frac{xy}{x^2+y^2}\right)$,再将光标移到")"后。

5) 选择模板【▯】中的【▮】工具板,再选择模板【▯】中的【▯】工具板,在分母输入槽内输入"x",在分子输入槽内输入"2",公式成为 $\lim\limits_{\substack{x\to\infty\\y\to\infty}}\left(\frac{xy}{x^2+y^2}\right)^{x^2}$。

3. 文档结构图

(1) 设置样式

1) 选定标题"一、二、三、四、"段落。

2) 样式设置为标题1,如图 11-3 所示。

练习:将所有标题为"1、2、3、4、5、"的段落设置其样式为标题2。

练习:将所有标题为"(1)(2)(3)"的段落设置其样式为标题3。

(2) 选择【视图(V)】菜单中的【文档结构图(D)】命令,生成如图 11-4 所示文档结构图

"文档结构图"是一个独立的窗格,能够显示文档的标题列表。单击"文档结构图"中的标题后,Word 就会跳转到文档中的相应标题,并将其显示在窗口的顶部,同时在"文档结构图"中突出显示该标题。

4. 目录

首先需把文档内各层标题设置为标题1、标题2……,和文档结构图里设置

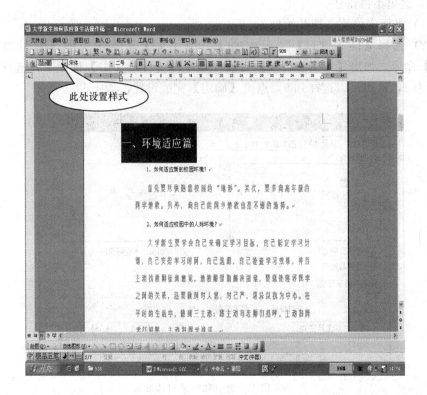

图 11-3　设置样式窗口

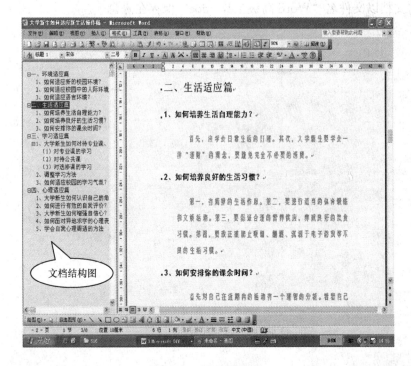

图 11-4　文档结构图

一样，这里不再讲述。

1) 光标定位到文档开始处。

2) 选择【插入（I）】菜单中的【引用（N）】子菜单下的【索引和目录（D）】命令，弹出【索引和目录】对话框，单击【目录（C）】选项卡，选择显示级别为3，最多可以选择到9，点击【确定】完成设置，如图11-5所示。

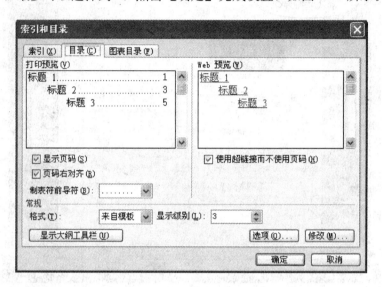

图 11-5　索引和目录对话框

5. 保存

将文档以文件名"Word高级工具.doc"保存在磁盘中。

第三部分 电子表格

实验 12 Excel 基本操作

实验目的

通过本实验的练习,掌握 Excel 的基本操作方法和使用技巧,深入理解 Excel 工作簿、工作表及单元格的基本概念。

实验要求

1. 掌握创建、打开、保存及关闭工作簿的方法
2. 掌握工作表的建立方法
3. 熟悉工作表中数据的输入方法
4. 掌握插入、删除、移动、复制和重命名工作表的方法

实验内容及操作步骤

Excel 简介

Excel 是微软公司推出的 Office 系列办公软件中的电子表格处理软件,具有数据处理、统计分析、图表处理等功能,可应用于金融、财务、统计、经济、行政等各个领域。

1. 启动 Excel

进入 Windows 之后,单击【开始】菜单,选择【程序(P)】/【Microsoft Office】/【Microsoft Office Excel 2003】,即可启动 Excel。

2. 熟悉 Excel 的操作界面

成功启动 Excel 之后,出现如图 12-1 所示的 Excel 操作界面。

Excel 2003 与 Word 2003 的操作界面非常相似。除了有标题栏、菜单栏、工具栏和状态栏外,多了一个名称框和编辑栏。工作区也有所不同,它是由若干行和若干列组成的一张表格,称为工作表。

3. 创建工作簿

第一次启动 Excel 2003,会自动建立并打开一个新的空白的 Excel 文档,并暂时命名为"**Book1**"(默认文件名为:Book1.xls)。Excel 文档也称为工作簿,在任何时候还可以建立新工作簿。

(1)新建"成绩册"工作簿

单击工具栏上的【新建】按钮,或执行【文件(F)】菜单上的【新建(N)…】命令,出现如图 12-2 所示的对话框,选择【空白工作簿】或选择某一

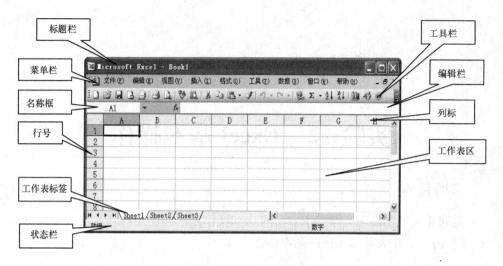

图 12-1　Excel 操作界面

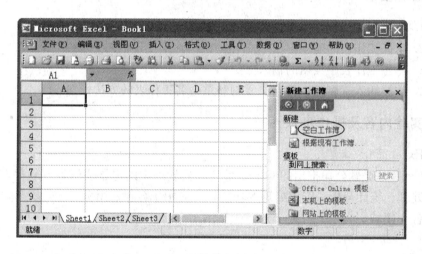

图 12-2　"新建工作簿"对话框

种类型的工作簿模板。

(2) 保存工作簿

执行【文件(F)】菜单中的【保存(S)】命令。

由于当前工作簿是一个新建的工作簿，系统将出现【另存为】对话框，在打开的【另存为】对话框中，以"成绩册"为文件名来保存当前工作簿到 D 盘上。

也可以选择【文件(F)】菜单中的【另存为(A)…】命令，将"成绩册"工作簿存入 D 盘。

4. 退出 Excel

执行【文件(F)】菜单中的【退出(X)】命令或单击 Excel 标题栏右侧的【关闭】按钮，即可退出 Excel。

5. 建立工作表

启动 Excel 后，默认新建的是一个由 3 页工作表组成的工作簿，如图 12-1 所示。窗口中间是工作表，工作表底部是工作表标签。工作表默认名字为 Sheet 加上数字，如 Sheet1、Sheet2、Sheet3 等，工作表中的黑框用来表示有待输入数据的活动单元格。

单元格名称也称单元格地址，由行号和列号组成，其中行号用数字表示，列号用字母表示。如第 1 行第 1 列单元格的地址为"A1"。注意：一定是列号在前，行号在后。

打开"成绩册 1.xls"工作簿文件，在 sheet1 工作表中输入图 12-3 学生登记表的内容。

	A	B	C	D	E
1	学生登记表				
2	学号	姓名	学制	出生年月	性别
3	91000001	张天庆	专科	1988.9.10	男
4	91000002	许 静	专科	1987.9.5	女
5	91000003	肖 君	专科	1988.10.1	男
6	91000004	尹 慧	专科	1988.7.23	女
7	91000005	钟晓文	专科	1987.6.3	女
8	92000006	郑云杰	本科	1989.11.15	男
9	92000007	赵 越	本科	1988.8.8	男
10	92000008	周东鸣	本科	1988.3.12	男
11	92000009	叶雪梅	本科	1989.4.20	女
12	92000010	姚 斌	本科	1987.9.26	男
13	93000011	虞娜娜	专升本	1986.8.18	女
14	93000012	孙文海	专升本	1987.5.25	男
15	93000013	曾 伟	专升本	1986.12.9	男
16	93000014	朱亦宁	专升本	1987.2.16	女
17	93000015	柳 谦	专升本	1987.1.9	男

图 12-3 学生登记表

（1）输入标题"学生登记表"

步骤：选定"A1"为活动单元格，输入文字"学生登记表"。

（2）输入学生的"学号"

提示：应用系统提供的序列填充功能，实现表格中学生"学号"的输入。

步骤：首先在单元格 A3 中输入第一个学生的学号"91000001"，然后用鼠标选定"A3：A7"这一列区域，执行【编辑（E）】菜单中的【填充（I）】命令。在子菜单中，选择【序列（S）…】命令。在【序列产生在】选项中选【列（C）】，在【类型】选项中选【等差序列（L）】，【步长值（S）】输入"1"，再按【确定】按钮，如图 12-4 所示，即可输入前五位学生的学号。

采用同样的方法输入其他学生的学号。

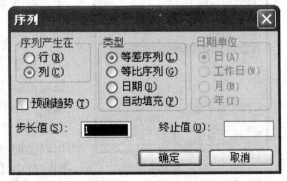

图 12-4 "序列"对话框

(3) 输入"学制"内容

提示：利用自动填充法，输入相关"学制"内容。

步骤：首先在 C3 单元格中输入学制内容"专科"，再选中此单元格，当鼠标变为黑色细线十字（称为填充柄）时，按住鼠标左键向下拖动至 C7 单元格，这时鼠标所经过的单元格都被填上了"专科"字样。

重复上述操作，输入其他"学制"内容。

(4) 调整表格间距

提示：适当调整表格间距，使表格宽度适合显示其中的所有内容。

步骤：选中要设置列宽的单元格区域如："A1：E17"，执行【格式（O）】菜单中的【列（C）】命令，在出现的子菜单中，选择【最合适的列宽（A）】命令，如图 12-5 所示。

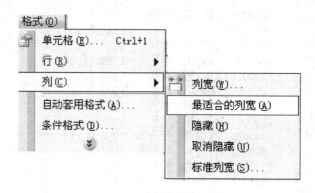

图 12-5　设置单元格列宽

6. 工作表的操作

根据创建"成绩册 1.xls"工作簿的实际需要对工作表进行插入、删除、移动、复制和重命名操作。

(1) 重命名工作表

提示：将 Sheet1 工作表重新命名为"学生登记表"。

步骤：用鼠标指向 Sheet1 工作表标签，然后单击右键选【重命名（R）】命令，输入新的工作表名"学生登记表"即可。

(2) 复制工作表

步骤：鼠标单击"学生登记表"标签，执行【编辑（E）】菜单中的【移动或复制工作表（M）…】命令。打开【移动或复制工作表】对话框，在【下列选定工作表之前（B）】列表框中选定"Sheet2"，同时选中【建立副本（C）】复选钮，然后单击【确定】按钮。如图 12-6 所示，将

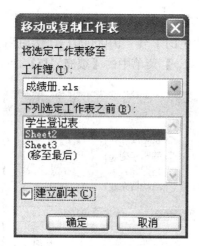

图 12-6　"移动或复制工作表"对话框

"学生登记表"复制到 Sheet2 工作表的左侧,并自动命名为"学生登记表(2)"。再将新复制的工作表重新命名为"成绩-1"。

(3) 插入工作表

步骤:鼠标再次单击"学生登记表"标签,执行【插入(I)】菜单中的【工作表(W)】命令,或单击右键选【插入(I)…】命令,打开【插入】对话框,在【常用】选项卡中选择【工作表】,如图 12-7 所示。系统默认在选中的"学生登记表"左侧插入一张新的工作表,并取名为 Sheet1。将新插入的工作表重命名为"成绩-2"。

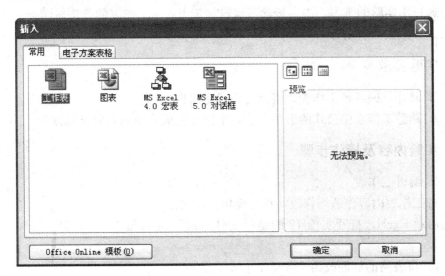

图 12-7 "插入"工作表对话框

(4) 移动工作表

提示:将"成绩-2"工作表移动至 Sheet2 工作表之前。

步骤:选中"成绩-2"标签,此时出现黑色三角,再拖动标签到 Sheet2 工作表之前位置即可。

(5) 删除工作表

提示:删除"成绩册 1.xls"工作簿中 Sheet3 工作表。

步骤:单击欲删除的 Sheet3 工作表标签,然后通过【编辑(E)】/【删除工作表(L)】命令或鼠标右键单击欲删除的 Sheet3 标签,选择【删除(D)】即可。

7. 保存

将结果文件"成绩册 1.xls"保存到 D 盘中。

实验 13 编辑 Excel 工作表

实验目的

通过本实验的练习,进一步学习编辑加工 Excel 工作表的方法,学会工作表中公式和函数的引用方法。

实验要求

1. 熟练掌握各种工作表的编辑与格式化操作
2. 熟悉工作表中公式的引用方法,掌握几种最常用函数的应用方法

实验内容及操作步骤

1. 编辑工作表

对工作表内容作适当修改,称为编辑工作表。

启动 Excel,打开实验 12 的结果文件"成绩册 1.xls",并选择"成绩-1"工作表。

1) 将表格的标题改为"各类学生成绩报表"。

步骤:双击表格标题所在的单元格"A1",直接对原标题内容进行修改即可。

2) 在标题的上面插入一空行。

步骤:将光标置于 A1 位置,单击鼠标右键弹出快捷菜单,选择其中的【插入(I)…】命令,打开【插入】对话框,选择插入【整行(R)】,如图 13-1 所示,即可插入一空行。

继续在标题的下面插入二空行。

3) 在 A4 单元格中输入"制表人:91000101,张三"。

4) 删除表中"出生年月"和"性别"两个栏目。

步骤:鼠标单击"出生年月"所在列的列号,然后在列号栏上拖动鼠标至"性别"所在列,这时"出生年月"和"性别"两个栏目均被选中,再单击鼠标右键,选择【删除(D)】命令即可。

5) 在"学制"栏目之后,新建"高等数学"、"大学英语"、"计算机基础"和"C++程序设计"四个课程栏目。

步骤:将 Sheet2 表中的"高等数学"、"大

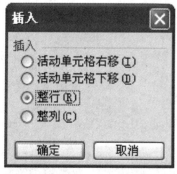

图 13-1 "插入"空行对话框

学英语"、"计算机基础"、"C++程序设计"四门课程名及其成绩，复制到"各类学生成绩报表""学制"栏目之后即可。

6）再在"各类学生成绩报表"的右侧新建"总分"和"评价"两个栏目，用于计算每个学生的总成绩和存放评价结果。

7）在"各类学生成绩报表"下侧依次新建"最高分"、"最低分"和"平均分"三个栏目，用于分别计算每门课程的最高分、最低分和平均分。

2. 工作表的计算

应用 Excel 提供的公式和函数，对工作表中的数据进行计算处理。

1）计算每个学生的"总分"。

步骤：在第一个学生"91000001"的"总分"栏目（即"H6"单元格）中，直接输入计算四门课总成绩的公式："＝D6＋E6＋F6＋G6"后，按【回车】键即可。或者首先选中"H6"单元格，然后在编辑栏中直接输入公式"＝D6＋E6＋F6＋G6"后【回车】即可。

注意：在 Excel 中无论输入什么公式，总是从"＝"号开始，并且一定要在西文状态下输入公式。

提示：使用工具栏中的【复制】和【粘贴】按钮，将计算总成绩的公式复制到其他学生的"总分"栏目中，或使用填充柄来复制公式。

2）按"总分"进行评价。

评价标准为："合格"，总分在 240 分以上（含 240 分）；"不合格"，总分在 239（含 239 分）分以下。

提示：利用 Excel 提供的 IF 函数进行自动评价。

步骤：首先选中第一个学生的"评价"单元格"I6"，输入"＝"号。此时编辑栏左侧的名称框变成了一个常用函数的下拉列表，如图 13-2 所示，单击下

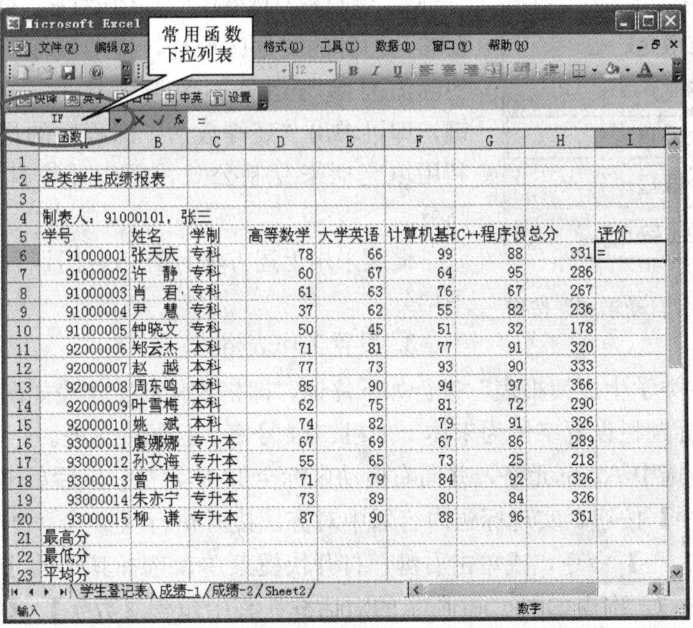

图 13-2 常用函数下拉列表

拉箭头，选择其中的 IF 函数，弹出【函数参数】对话框，如图 13-3 所示。

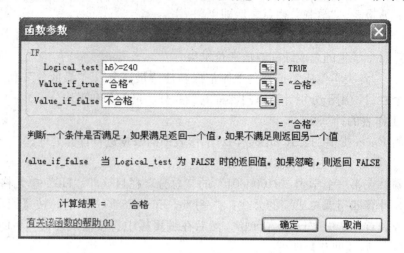

图 13-3 "函数参数"对话框

在【Logical_test】框中输入条件"H6>=240"，在【Value_if_ture】框中输入文字"合格"，在【Value_if_false】框中输入文字"不合格"，最后单击【确定】按钮，得到第一个学生的评价结果。之后应用自动填充法填充以下各"评价"单元格，得到每个学生的评价结果。

3）计算每门课程的最高分。

提示：使用工具栏上的"自动求和"按钮来计算最高分。

步骤：首先选中 D21 单元格，然后单击工具栏上的【自动求和】按钮右侧的下拉箭头，选择其中的【最大值（M）】，如图 13-4 所示。这时 Excel 会自动在 D21 单元格中生成公式"=MAX（D6：D20）"，其中"D6：D20"表示需要参与运算的数据区地址，拖动鼠标可以重新选择实际需要参与运算的数据区地址，再按【回车】键，即可求出"高等数学"课程中的最高分。接着利用填充柄来复制公式，用于计算其他课程的最高分。

继续采用上述方法计算出各门课程的最低分和平均分。

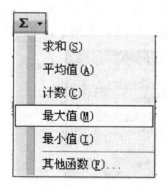

图 13-4 "自动求和"按钮

3. 设置工作表格式

对"各类学生成绩报表"进行如下修饰，即格式化此工作表如图 13-5 所示。

1）将标题栏设置字体为宋体、加粗、14 号字，且居中对齐。

步骤：选中 A2 单元格，并向右拖动鼠标至 I2 单元格，然后单击工具栏上的【合并及居中】按钮，实现标题内容居中对齐。接着执行【格式（O）】菜单中的【单元格(E)…】命令，或单击右键，打开快捷菜单，选择其中的【设置单元格格式（F）…】，出现如图 13-6 所示的对话框。其中包含【数字】、【对齐】、【字体】、【边框】、【图案】及【保护】等 6 个选项卡，选择其中的【字体】选项卡，

	A	B	C	D	E	F	G	H	I
1									
2	各类学生成绩报表								
3									
4									制表人：91000101，张三
5	学号	姓名	学制	高等数学	大学英语	计算机基础	程序设计	总分	评价
6	91000001	张天庆	专科	78	66	99	88	331	合格
7	91000002	许 静	专科	60	67	64	95	286	合格
8	91000003	肖 君	专科	61	63	76	67	267	合格
9	91000004	尹 慧	专科	37	62	55	82	236	不合格
10	91000005	钟晓文	专科	50	45	51	32	178	不合格
11	92000006	郑云杰	本科	71	81	77	91	320	合格
12	92000007	赵 越	本科	77	73	93	90	333	合格
13	92000008	周东鸣	本科	85	90	94	97	366	合格
14	92000009	叶雪梅	本科	62	75	81	72	290	合格
15	92000010	姚 斌	本科	74	82	79	91	326	合格
16	93000011	虞娜娜	专升本	67	69	67	86	289	合格
17	93000012	孙文海	专升本	55	65	73	25	218	不合格
18	93000013	曾 伟	专升本	71	79	84	92	326	合格
19	93000014	朱亦宁	专升本	73	89	80	84	326	合格
20	93000015	柳 谦	专升本	87	90	88	96	361	合格
21	最高分			87	90	99	97		
22	最低分			37	45	51	25		
23	平均分			67.20	[illegible]3.07	77.40	79.20		

学生登记表 成绩-1 成绩-2 Sheet2

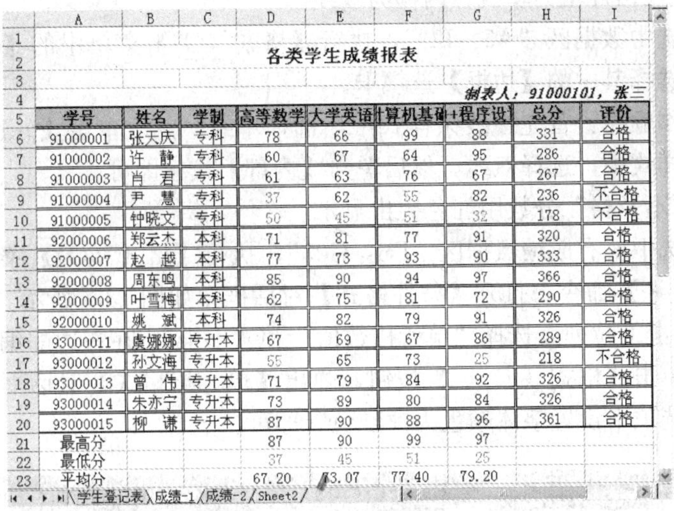

图 13-5 格式化工作表

设置字体为“宋体”、字形为“加粗”、字号为“14”，最后单击【确定】完成设置。

2）将“制表人：91000101，张三”设置为宋体、加粗倾斜、12 号字、右对齐。

3）将表格各栏目标题设置为粗宋体、12 号、淡蓝色底纹、居中，其余数据居中对齐，平均分保留 2 位小数。

提示：平均分保留 2 位小数的操作步骤如下：

选定平均分所在区域“D23：G23”，鼠标右键选择【设置单元格格式（F）…】对话框中的【数字】选项卡，在左边【分类（C）】列表框中选择“数值”，对应【小数位数（D）】编辑框中输入“2”即可，如图 13-6 所示。

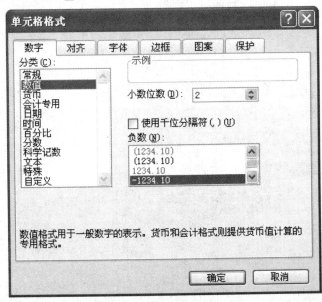

图 13-6 “单元格格式”设置对话框

4）设置表格外框为单线，内框为双线。

步骤：选中数据区"A5：I20"，执行【格式（O）】菜单中的【单元格（E）…】命令，选择其中的【边框】选项卡。

注意操作顺序：首先在线条样式中，选择单线，然后单击【外边框】按钮；其次在线条样式中，选择双线，然后单击【内部】按钮即可。

5）将"不及格"分数用红色突出显示。

步骤：选中所有成绩数据区"D6：G23"，执行【格式（O）】菜单中的【条件格式（D）…】命令，打开【条件格式】对话框，如图13-7所示。在【条件1(1)】中，点击下拉列表选择"单元格数值"和"小于"，在右边的编辑框中输入"60"，然后单击【格式（F）…】按钮，弹出【单元格格式】对话框，选择其中的【字体】选项卡设置字体颜色为"红色"即可。

图13-7 "条件格式"设置对话框

4. 保存

将结果文件"成绩册1.xls"保存到D盘。

实验 14 Excel 图表制作

实验目的

通过本实验的练习，熟悉 Excel 图表功能，掌握将数据转换成图表的基本操作方法

实验要求

1. 掌握制作 Excel 图表的方法
2. 熟悉编辑加工 Excel 图表的方法

实验内容及操作步骤

1. 创建图表

启动 Excel，打开实验 13 的结果文件"成绩册 1.xls"，并选择"成绩－1"工作表。

利用工作表中的已有数据，制作一个如图 14-1 所示的图表，用于比较前三位同学的四门课程的成绩。

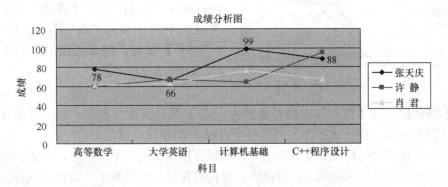

图 14-1 成绩分析图表（一）

具体操作步骤如下：

1）打开图表向导。执行【插入（I）】菜单中的【图表（H）…】命令，即可打开【图表向导】对话框，如图 14-2 所示。

2）选择图表类型。在【图表向导】对话框左侧的【图表类型（C）】列表框中选择"折线图"，然后在右侧的【子图表类型（T）】列表框中选择"数据点折线图"，单击【下一步（N）＞】按钮。

3）选择图表源数据。进入【图表源数据】对话框，先选择【数据区域】选项卡，单击【数据区域】选项卡中部【数据区域（D）】输入框右侧的折叠按钮，

对话框缩成一个横条,此时在工作表中用鼠标选中前三位同学的姓名和包含四门课程成绩的数据区域,即"B5:B8,D5:G8",由于它们是工作表中两块不连续的区域,需要借助 Ctrl 键来完成区域选择。再次单击折叠按钮重新展开对话框,在【系列产生在】选项中选中【行(R)】,并单击【下一步(N)>】按钮,如图 14-3 所示。

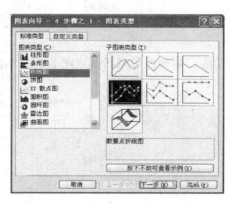

图 14-2 "图表向导"对话框

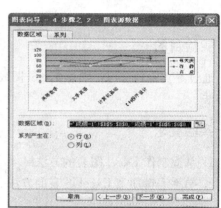

图 14-3 "图表源数据"对话框

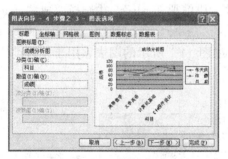

图 14-4 "图表选项"对话框

4) 定义图表选项。进入【图表选项】对话框,选择【标题】选项卡,在【图表标题(T)】编辑框中输入"成绩分析图",在【分类(X)轴(C)】编辑框中输入"科目",在【数值(Y)轴(V)】编辑框中输入"成绩",按【下一步(N)>】按钮,进入【图表位置】设置,如图 14-4 所示。

5) 定义图表显示位置。在【图表位置】对话框中选【作为其中的对象插入(O)】到已有工作表中,最后单击【完成(F)】按钮,则完成了图表创建的全过程,如图 14-5 所示。

在工作表中出现设置完成的图表。鼠标在图表空白区单击一下,图表四周会出现八个控点,表示该图表已被选中。再按住鼠标左键出现十字箭头,拖动图表到以单元格"A26"起始的区域中。

2. 编辑图表

图表生成以后,图表类型、图表数据源、图表标题等选项,还有图表显示位置都可以通过执行【图表(C)】菜单中的相关命令或鼠标右击快捷菜单中的相应命令来改变。

(1) 添加数据标志

步骤:选择折线图表,用鼠标选

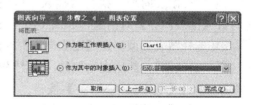

图 14-5 "图表位置"对话框

中"张天庆"同学所对应的图表数据系列，然后鼠标右击快捷菜单中的【数据系列格式（O）】命令，弹出【数据系列格式】对话框，如图14-6所示。选择其中的【数据标志】选项卡，在【数据标签包括】复选钮中选中【值（V）】，单击【确定】按钮，数据标志就在张天庆同学所对应的折线中显示出来了，如图14-1所示。

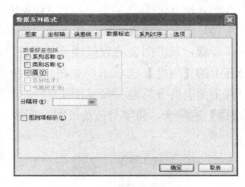

图14-6　"数据标志"选项卡

（2）更改图表数据

更改图表数据方法有两种。

方法一：修改表格中的数据。

步骤：在"各类学生成绩报表"中选中"肖君"同学，将他的"高等数学"课程成绩修改为55分，此时折线图表中与此相对应的折线发生了改变。若修改了其他数据，图表也会自动更改。

方法二：修改图表中的数据。

步骤：间断地点击两次与"肖君"同学对应的折线，折线上会出现多个控点，鼠标指向与"肖君"同学对应的"高等数学"成绩控点，上、下拖动，折线改变时，工作表中"肖君"同学的"高等数学"成绩也发生了相应的变化。采用上述方法，将"肖君"同学的"高等数学"成绩修改为61分。

（3）增加图表数据

提示：用复制和粘贴的方法，将"各类学生成绩报表"中"尹慧"同学的四门课程成绩增加到图表中。

步骤：在"各类学生成绩报表"中选中"尹慧"和与该同学对应的四门课程的成绩，然后单击鼠标右键选【复制（C）】命令，再选中折线图表，单击鼠标右键选【粘贴（P）】命令，这样"尹慧"同学的四门课程成绩就被增加到了图表中。

（4）删除图表数据

提示：删除折线图表中"肖君"同学所对应的数据系列。

步骤：鼠标右击"肖君"同学所对应的数据系列，在弹出的快捷菜单上选【清除（A）】命令即可。

采用相同方法，删除折线图表中"许静"同学所对应的数据系列。

此时可以发现图表中的数据虽然被删除了，但"各类学生成绩报表"中的原始数据并没有发生任何改变。而若将表格中的原始数据删除了，则图表中的对应数据就会自动地被删除。

（5）改变图表类型

步骤：执行【图表（C）】菜单中的【图表类型（Y）…】命令，在弹出的【图表类型】对话框中，【图表类型（C）】选"圆锥图"，对应的【子图表类型（T）】选"柱形圆锥图"，单击【确定】按钮，再通过图表四周的控点来调整图表大小，使其位于"A26：G43"区域中，如图14-7所示。

（6）坐标轴设置

步骤：双击图表的数值轴（参见图14-7），打开【坐标轴格式】对话框，选择其中的【刻度】选项卡，如图14-8所示，将【主要刻度单位（A）】改成20。再双击图表的分类轴（参见图14-7），打开【坐标轴格式】对话框，选择其中的【字体】选项卡，将字号改为6号，形成如图14-10所示的图表。

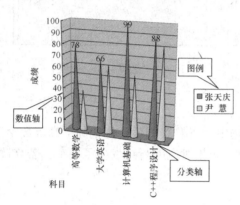

图14-7 成绩分析图表（一）　　　　图14-8 "坐标轴格式"对话框

（7）设置图例格式

步骤：用鼠标拖动图例（参见图14-7），将其放置在如图14-10所示的位置上。选择鼠标右键快捷菜单中的【图例格式（O）】命令，出现【图例格式】对话框，如图14-9所示。选择其中的【图案】选项卡，在【边框】选项中选中【阴影（D）】复选钮，完成图例的格式化操作。

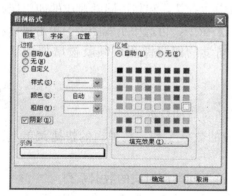
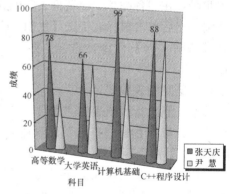

图14-9 "图例格式"对话框　　　　图14-10 成绩分析图表（二）

3．保存

将结果文件"成绩册1.xls"保存到D盘。

实验 15 Excel 数据处理

实验目的

通过本实验的练习,掌握数据排序、数据筛选、数据分类汇总等若干 Excel 中的数据处理方法。

实验要求

1. 熟练掌握三种常用的数据排序方法
2. 掌握自动筛选和高级筛选两种数据筛选方式
3. 熟悉并掌握数据分类汇总方法

实验内容及操作步骤

打开实验 14 的结果文件"成绩册 1.xls",复制"成绩-1"工作表中"A5:I20"数据区内容到"成绩-2"工作表中以"A1"起始的区域中,再选中"成绩-2"工作表中"A1:I16"数据区域,执行【编辑(E)】菜单中的【清除(A)】命令,在下拉菜单中选择【格式(F)】,清除表格中的数据格式。

1. 数据排序

Excel 提供单关键字、多关键字和自定义三种排序方式。

1) 对"成绩-2"工作表,按"总分"进行排序,就是单关键字排序。

步骤:在"总分"数据列中,选择任一单元格,然后单击工具栏上的【降序排序】按钮,即可实现学生总成绩由高分到低分的排列。

2) 对"成绩-2"工作表,先按"总分"进行排序,在"总分"相同的情况下,再按"高等数学"进行排序,属于多关键字排序。

步骤:选择数据清单中的任一单元格,执行【数据(D)】菜单中的【排序(S)…】命令,出现【排序】对话框,如图 15-1 所示。先在【主要关键字】下拉列表中,选择"总分"并按【降序(D)】排序。其次在【次要关键字】下拉列表中,选择"高等数学"也按【降序(N)】排列,在【我的数据区域】选项中选中【有标题行(R)】,最后单击【确定】按钮完成上述排序。

图 15-1 "排序"对话框

3）在“总分”与“评价”栏目之间添加“排名”栏目，利用自动填充功能在“排名”栏目中，自上而下填充数字“1”～“n”，学生总成绩名次就排定了。

4）最后复制两张“成绩－2”工作表，放在该表之后，并分别命名为“高级筛选”和“分类汇总”。

提示：关于自定义排序方式，参见后续的“数据分类汇总”内容。

2. 数据筛选

数据筛选是指从数据清单中，提取那些满足某种条件的记录，而那些不满足条件的记录则被暂时隐藏，但并不真正删除这些记录。

Excel 提供自动筛选和高级筛选两种数据筛选方式。

1）自动筛选

例如：使用自动筛选，筛选出“C＋＋程序设计”课程成绩在 70～89 分之间的专升本同学的记录。

步骤：在“成绩－2”工作表中，选择数据清单中的任一单元格，执行【数据（D)】菜单中的【筛选（F)】命令，在其子菜单中选择【自动筛选（F)】命令。此时在每一列标题旁多了一个下拉箭头，如图 15-2 所示，用于对所在列的数据设置筛选条件。单击“学制”旁的下拉箭头，在下拉列表中选择“专升本”，此时工作表中筛选出“专升本”同学的记录。再单击“C＋＋程序设计”旁的下拉箭头，在下拉列表中选择【自定义…】，弹出【自定义自动筛选方式】对话框，如图 15-3 所示。在上下两行输入框中分别输入：“大于或等于 70”和“小于或等于 89”，同时选中【与（A)】单选按钮，再单击【确定】按钮，即可挑选出满足上述条件的记录。

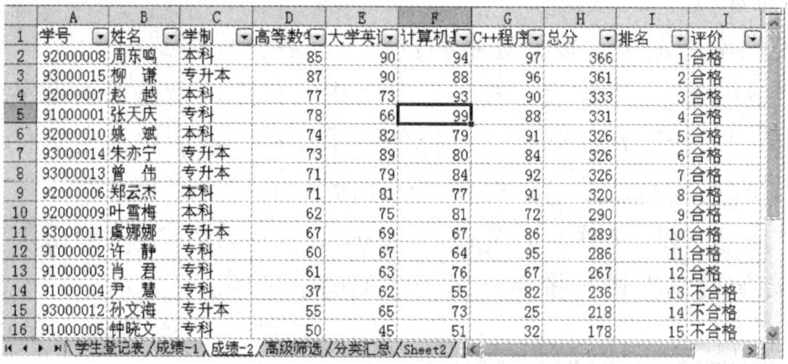

	A	B	C	D	E	F	G	H	I	J
1	学号	姓名	学制	高等数	大学英	计算机	C++程序	总分	排名	评价
2	92000008	周东鸣	本科	85	90	94	97	366	1	合格
3	93000015	柳　谦	专升本	87	90	88	96	361	2	合格
4	92000007	赵　越	本科	77	73	93	90	333	3	合格
5	91000001	张天庆	专科	78	66	99	88	331	4	合格
6	92000010	姚　斌	本科	74	82	79	91	326	5	合格
7	93000014	朱亦宁	专升本	73	89	80	84	326	6	合格
8	93000013	曾　伟	专升本	71	79	84	92	326	7	合格
9	92000006	郑云杰	本科	71	81	77	91	320	8	合格
10	92000009	叶雪梅	本科	62	75	81	72	290	9	合格
11	93000011	虞娜娜	专升本	67	69	67	86	289	10	合格
12	91000002	许　静	专科	60	67	64	95	286	11	合格
13	91000003	肖　君	专科	61	63	76	67	267	12	合格
14	91000004	尹　慧	专科	37	62	55	82	236	13	不合格
15	93000012	孙文海	专升本	55	65	73	25	218	14	不合格
16	91000005	钟晓文	专科	50	45	51	32	178	15	不合格

图 15-2　自动筛选

2）高级筛选

例如：使用高级筛选，筛选出四门课成绩都不及格的学生记录。

步骤：在“高级筛选”工作表中选择以“A18”起始的空白区域作为条件区，填写如图 15-4 所示的筛选条件，注意要把那些存在“与”关系的若干条件放在同一行上。然后选择数据清单中的任一单元格，执行【数据（D)】菜单中的【筛选（F)】命令，在其子菜单中选【高级筛选（A）…】命令，出现【高级筛选】对话框，如图 15-5 所示。在【方式】选项中选中【将筛选结果复制到其他位置（O)】，用鼠标单击【列表区域（L)】输入框右侧的折叠按钮，然后在工作表中选取数据清单的全部数据区域。单击【条件区域（C）】输入框右侧的折叠按钮，选取筛选条件所在区域。再单击【复制到（T）】输入框右侧的折叠按钮，选取筛选结果存放在以“A21”起始的区域中。最后按【确定】按钮，四门课成绩都不及格的学生记录便生成了。

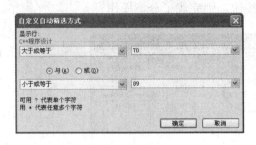

图 15-3 “自定义自动筛选方式”对话框

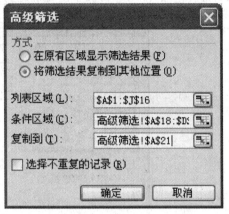

高等数学	大学英语	计算机基础	C++程序设计
<60	<60	<60	<60

图 15-4 筛选条件区域（一）

图 15-5 “高级筛选”对话框

继续使用高级筛选，筛选出四门课成绩中有一门不及格的同学的记录。

提示：采用与上述操作类似的方法，注意此时要把那些存在“或”关系的若干条件放在不同的行中，建立以“A26”起始的筛选条件区域如图 15-6 所示，筛选结果存放在以“A32”起始的区域中。

高等数学	大学英语	计算机基础	C++程序设计
<60			
	<60		
		<60	
			<60

图 15-6 筛选条件区域（二）

3. 数据分类汇总

分类汇总包括两层含义，第一层含义是分类，第二层含义是汇总。所谓分类是先按某一列数据的值进行归类。分类的方法是对数据进行排序操作，然后再按不同的“类”，对数据进行统计，即汇总。汇总包括求和、计数或乘积等内容。

例如：按“学制”内容进行分类汇总，统计出各类学生四门课程的平均分。

提示：在“分类汇总”工作表中，首先以“学制”为关键字排列表格中的全部记录。排序顺序为：本科、专升本、专科，如图 15-10 所示。

步骤一：将“本科、专升本、专科”作为一个序列添加到自定义序列列表框中。执行【工具（T）】菜单中的【选项（O）…】命令。在打开的【选项】对话框中，选择【自定义序列】选项卡。在【自定义序列】选项卡右侧的【输入序列（E）】列表框中依次输入本科、专升本、专科序列。每输入完一个序列按【回车】键，如图 15-7 所示。在输入完序列之后再按【添加（A）】按钮，则将序列放入左侧的【自定义序列（L）】列表框中，完成自定义序列操作。

步骤二：选择数据清单中的任一单元格，执行【数据（D）】菜单中的【排

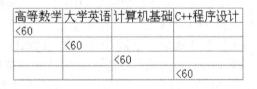

序（S）…】命令，在【排序】对话框中，单击位于左下方的【选项（O）…】按钮，打开【排序选项】对话框，如图15-8所示，再单击【自定义排序次序（U）】下拉列表右侧的箭头，选择其中的"本科、专升本、专科"序列，【确定】后返回到【排序】对话框，在【主要关键字】下拉列表中再选择"学制"，并按【升序（A）】排列，再次单击【确定】按钮，则完成了分类操作。

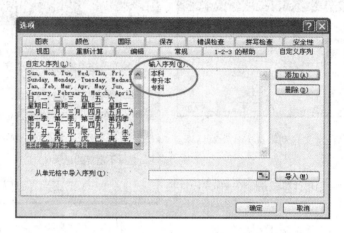

图15-7 "自定义序列"选项卡

步骤三：选择数据清单中的任一单元格，执行【数据（D）】菜单中的【分类汇总（B）…】命令，打开【分类汇总】对话框，如图15-9所示。在【分类字段（A）】中选取"学制"，在【汇总方式（U）】中选取"平均值"，在【选定汇总项（D）】中选取"高等数学"、"大学英语"、"计算机基础"、"C＋＋程序设计"（取消"评价"前面的"√"）。同时选中【汇总结果显示在数据下方（S）】复选按钮（取消【替换当前分类汇总（C）】前面的"√"），单击【确定】按钮，即可统计出各类学生四门课程的平均成绩。

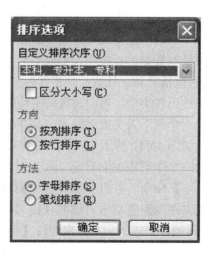 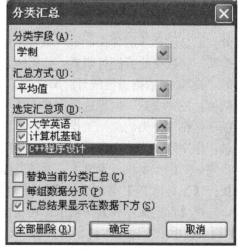

图15-8 "排序选项"对话框　　　图15-9 "分类汇总"对话框

含分类汇总的数据清单如图15-10所示，单击图上的"－"，可以折叠汇总项。反之，单击图上的“+”，则将折叠项重新展开。

	A	B	C	D	E	F	G	H	I	J
1	学号	姓名	学制	高等数学	大学英语	计算机基础	C++程序设	总分	排名	评价
2	92000008	周东鸣	本科	85	90	94	97	366	1	合格
3	92000007	赵　越	本科	77	73	93	90	333	3	合格
4	92000010	姚　斌	本科	74	82	79	91	326	5	合格
5	92000006	郑云杰	本科	71	81	77	91	320	8	合格
6	92000009	叶雪梅	本科	62	75	81	72	290	9	合格
7			**本科 平均值**	73.8	80.2	84.8	88.2			
8	93000015	柳　谦	专升本	87	90	88	96	361	2	合格
9	93000014	朱亦宁	专升本	73	89	80	84	326	6	合格
10	93000013	曾　伟	专升本	71	79	84	92	326	7	合格
11	93000011	虞娜娜	专升本	67	69	67	86	289	10	合格
12	93000012	孙文海	专升本	55	65	73	25	218	14	不合格
13			**专升本 平均值**	70.6	78.4	78.4	76.6			
14	91000001	张天庆	专科	78	66	99	88	331	4	合格
15	91000002	许　静	专科	60	67	64	95	286	11	合格
16	91000003	肖　君	专科	61	63	76	67	267	12	合格
17	91000004	尹　慧	专科	37	62	55	82	236	13	不合格
18	91000005	钟晓文	专科	50	45	51	32	178	15	不合格
19			**专科 平均值**	57.2	60.6	69	72.8			
20			**总计平均值**	67.2	73.06667	77.4	79.2			

学生登记表 / 成绩-1 / 成绩-2 / 高级筛选 / 分类汇总 / Sheet2

图 15-10　分类汇总结果

作业使用与前面相同的方法，按“学制”进行分类汇总，统计出各类学生四门课程的最高分和最低分。

4. 保存

将结果文件“成绩册 1. xls”保存到 D 盘。

实验 16 邮件合并*

实验目的

通过本实验的练习，掌握使用 Word 邮件合并功能的方法和技巧，并将其应用到日常事务中

实验要求

掌握利用邮件合并功能制作成批文档的全过程

实验内容及操作步骤

Word 提供的邮件合并功能，可以快速、轻松地制作出结构、内容相同，而个别项目不同的成批文档。

邮件合并的过程是：首先将不变的内容编制成一份"主文档"，而将要变化的项目制作成"数据源"，然后把数据源合并到主文档当中，形成批量的合并文档。

利用邮件合并功能，输出学生成绩单的操作步骤如下：

1. 创建主文档

打开 Word 文档，编辑学生成绩单。输入成绩单所需的内容，并排好版，如图 16-1 所示。

成绩单

学号：   姓名：

高等数学	大学英语	计算机基础	C++程序设计	总分	排名

图 16-1 成绩单主文档

2. 创建数据源

本例数据源为学生姓名和各科成绩，均放在 Excel 表格中（"成绩册 1.xls"作为数据源）。

3. 获取数据源

执行【工具（T）】菜单中的【信函与邮件（E）】命令，在下一级菜单中，选择【邮件合并（M）】命令，弹出【邮件合并】向导，如图 16-2 所示。

在【选择文档类型】设置步骤中选【信函】，如图 16-2 所示，单击【下一步：正在启动文档】；在【选择开始文档】设置步骤中选【使用当前文档】，如图 16-3 所示，单击【下一步：选取收件人】；在【选择收件人】设置步骤中选【使

图 16-2 选择文档类型   图 16-3 设置文档   图 16-4 选择数据源

用现有列表】,点击【浏览】,打开【选取数据源】对话框,找到"成绩册 1.xls"数据文件并打开它,这时会弹出【选择表格】对话框,选择其中的"成绩－2$"工作表后,按下【确定】按钮,继而弹出【邮件合并收件人】对话框,列出了数据源文件中的所有记录如图 16-5 所示。通过单击左边的复选框来选择需要输出的学生成绩记录,默认为输出所有学生的成绩记录,继续单击【邮件合并】向导中的【下一步:撰写信函】,如图 16-4 所示。

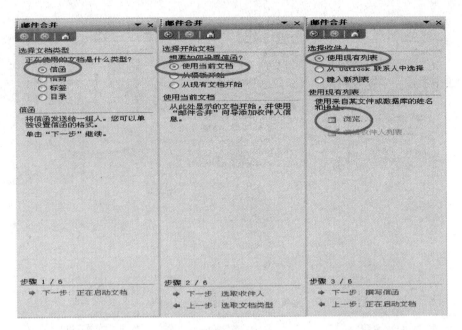

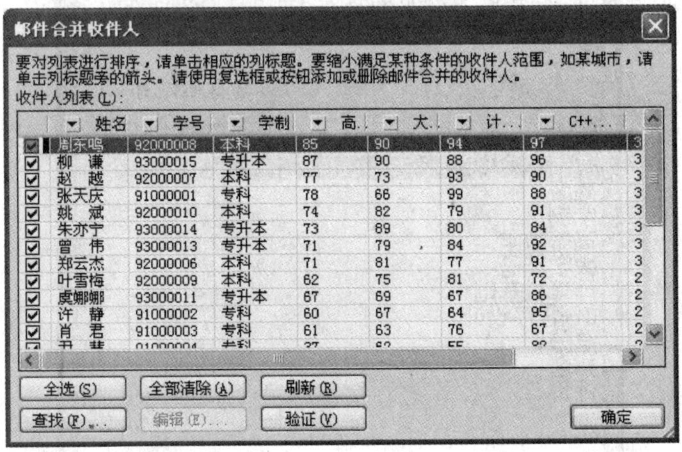

图 16-5 "邮件合并收件人"对话框

4. 插入"合并域"

返回"主文档",把光标定位在需要插入项目数据的位置上,本例从"学号"开始依次定位,然后单击【邮件合并】向导中的【其他项目…】,如图 16-6 所

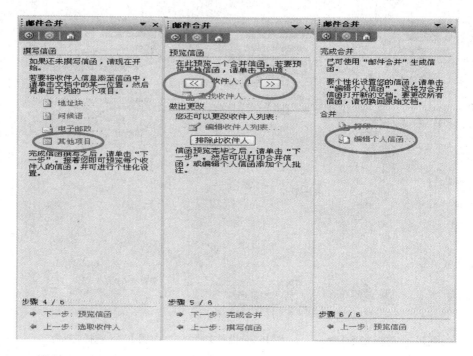

图 16-6 撰写信函　　　　图 16-7 预览信函　　　　图 16-8 完成和并

示,弹出【插入合并域】对话框,如图 16-9 所示,选择【数据库域(D)】,在【域(F)】的列表中,选择"学号",单击【插入(I)】按钮,再单击【关闭】按钮,这时表格中会出现《学号》标记。重复上述操作,完成"姓名"及各科成绩的插入操作,如图 16-10 所示。

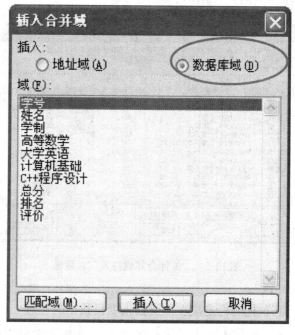

图 16-9 "插入合并域"对话框

成绩单

学号：《学号》　　　　　　　　　　　　　姓名：《姓名》

高等数学	大学英语	计算机基础	C++程序设计	总分	排名
《高等数学》	《大学英语》	《计算机基础》	《C程序设计》	《总分》	《排名》

图 16-10　含合并域的成绩单

5. 合并数据和文档

接着单击【邮件合并】向导中的【下一步：预览信函】，如图 16-6 所示。通过点击 按钮和 按钮，可以预览合并的成绩单，如图 16-7 所示，单击【下一步：完成合并】。如图 16-8 所示，再单击【编辑个人信函】，打开【合并到新文档】对话框，如图 16-11 所示，在【合并记录】选项中选中【全部（A）】，单击【确定】按钮，就会把所有成绩单合并到一个新的文档中，最后将此新文档保存。批量输出学生成绩单的任务就完成了，如图 16-12 所示。

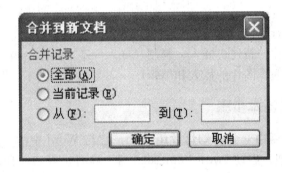

图 16-11　"合并到新文档"对话框

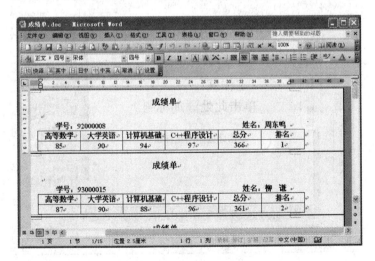

图 16-12　成绩单合并文档

第四部分 幻灯片讲义设计

实验 17 PowerPoint2003 的基本操作

实验目的

1. 掌握 PowerPoint2003 的基本操作
2. 能够独立制作一个演示文稿

实验要求

1. 了解 PowerPoint2003 的基本界面
2. 掌握幻灯片的新建、插入、复制、导入等基本操作
3. 掌握文本框、图片的插入和编辑

实验内容及基本步骤

"演示文稿"是由一张张幻灯片组成的,它与 Word 中的"文档"、Excel 中的"工作簿"类似。启动 PowerPoint2003 后,界面如图 17-1 所示。

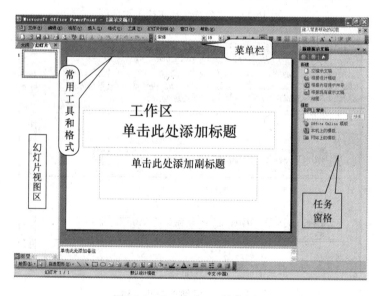

图 17-1 PowerPoint 操作界面

1. 新建演示文稿

1)启动 PowerPoint2003 以后,系统会自动为空白演示文稿新建一张幻灯片,如图 17-2 所示。

2）点击【格式（O）】菜单下的【幻灯片版式（L）…】，工作区右侧出现**任务窗格**。**文字版式**选择"标题幻灯片"标题样式，如图 17-3 所示。

3）在工作区中，点击**单击此处添加标题**文本框，输入标题："我的 PowerPoint2003"，单击**此处添加副标题**文字，输入副标题："我的第一个演示文稿"。幻灯片制作完成后的效果如图 17-4 所示。

图 17-2　空白演示文稿

2. 插入幻灯片

点击【插入（I）】菜单下的【新幻灯片（N）】选项（或直接按"Ctrl＋M"

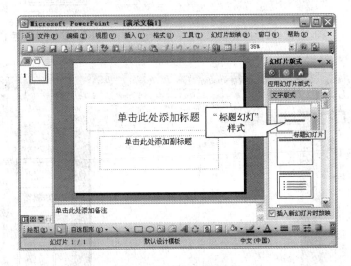

图 17-3　选择文字版式

快捷组合键）新建一个普通幻灯片，此时**任务窗格**智能化地切换到**幻灯片版式**任务窗格中，如图 17-5 所示，**内容版式**选择"空白"样式，如图 17-6 所示。

3. 为幻灯片添加文本

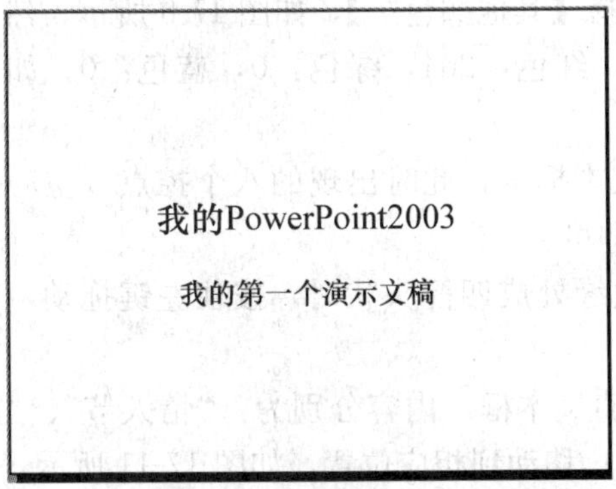

1）插入水平文本框：点击【插入（I）】菜单下的【文本框（X）】，选择【水平】命令，如图 17-7 所示，此时鼠标变成"细十字"线状，按住鼠标左键在"工作区"中拖动，即可插入一个文本框，输入文本"西方节日"。

2）设置要素：单击文本框边缘处，成四方向箭头状时，即选中文本框。在【格式（O）】菜单中选择【字体】，设置文本框中文本格式。字体：

图 17-4　添加文字

图 17-5　选择内容版式　　　　　图 17-6　选择"空白"内容版式

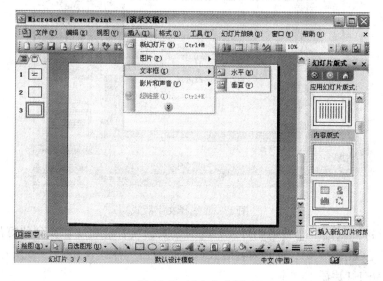

图 17-7　插入文本框

"华文行楷"、"加粗"、"40 磅"、颜色选择【其他颜色…】，如图 17-8 所示，然后在自定义字体颜色中设置：RGB 模式，红色：204，绿色：0，蓝色：0，如图 17-9 所示。效果如图 17-10 所示。

3) 调整文本框大小：将鼠标移至文本框上，此时出现的八个控点（空心圆圈）上，成双向箭头时，按住左键拖动即可。

4) 移动定位：将鼠标移至文本框边缘处成四箭头状时，按住左键拖动，可以把文本框移动到中间。

5) 重复步骤 1)～4)，插入 5 个垂直文本框，内容分别为："情人节"、"愚人节"、"复活节"、"感恩节"、"圣诞节"；移动到相应位置，如图 17-11 所示。

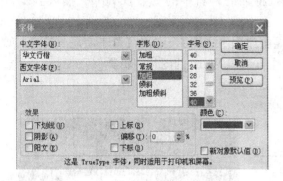

图 17-8 文字字形设置

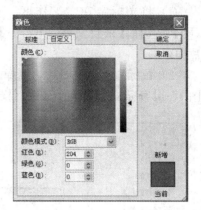

图 17-9 文字颜色设置

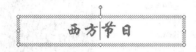

图 17-10 文字效果图

6）按住"Ctrl"键，分别点击 5 个文本框，可以同时选中 5 个文本框。然后点击鼠标右键，选择快捷菜单中的【字体（F）】，进行字体设置。格式要求：字体："华文新魏"、"加粗"、"36 磅"、自定义字体颜色：RGB 模式，红色：128，绿色：128，蓝色：128，如图 17-12 所示。

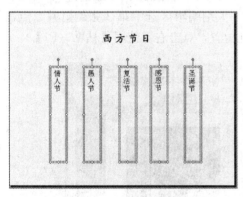

图 17-11 插入多个文本框

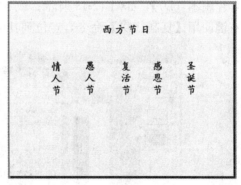

图 17-12 设置字体格式

7）同时选中 5 个文本框，选择左下角的【绘图（R）】，选择【对齐或分布（A）】，在其级联菜单中选择【横向分布（H）】，5 个文本框横向均匀分布，如图 17-13 所示。

说明：文字分别放在 6 个文本框中，是为后面的动画设置作准备。Power-Point 在设置动画时是对"对象"进行的（文本框就是"对象"的一种），每一个对象只能设置一种播放动画。所以如果将所有文字放入一个文本框对象时，那么所有文字就不能分别设置播放动画。

4. 在幻灯片中插入图片

1) 将光标定在"工作区"空白处,点击【插入(I)】菜单下的【图片(P)】,选择【来自文件(F)…】,将辅助材料中的"节日.jpg"插入到幻灯片中。

2) 鼠标右键点击图片,选择【叠放次序(R)】,点击【置于底层(K)】,如图 17-14 所示;调整大小如图(操作方法与 Word 的图片编辑类似)。

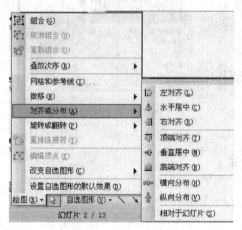

图 17-13 多个文本框的布局　　　　图 17-14 图片叠放次序

5. 复制和删除幻灯片

1) 复制幻灯片:选定第 2 张幻灯片,然后点击【插入(I)】菜单下的【幻灯片副本(D)】,如图 17-15 所示;或者在大纲编辑区选中第 2 张幻灯片,点击右键使用【复制(C)】命令,定位到其他位置,点击右键使用【粘贴(P)】。

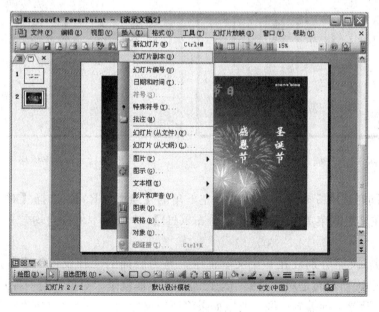

图 17-15 复制幻灯片

2) 删除幻灯片:选中第 3 张幻灯片,点击【编辑(E)】菜单下的【删除幻灯片（D）】，完成删除。

6. 插入艺术字和图片的调整

1) 插入艺术字：在"西方节日"幻灯片后，插入一张新的空白幻灯片，使用艺术字，如图 17-16 所示，选择第 3 行第 4 列的字形，如图 17-17 所示；内容为："谢谢观看！"，要求：宋体，80 号，如图 17-18 所示。

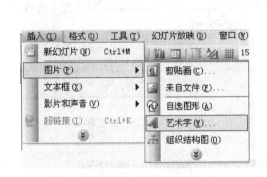 

图 17-16　插入艺术字　　　　　　　图 17-17　艺术字样式

2) 图片调整：再插入辅助材料中的图片"圣诞.jpg"，点击"绿色"的小圆点，然后拖动鼠标，旋转图片，如图 17-19 所示。

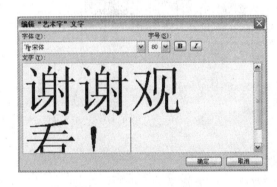 

图 17-18　艺术字字体　　　　　　　图 17-19　图片的调整

7. 导入另一演示文稿的幻灯片

1) 选中第 2 张幻灯片为插入点，点击【插入（I）】菜单下的【幻灯片（从文件）（F）…】，打开浏览对话框，选择已下载的辅助材料"西方节日.ppt"。

2) 选择【全部插入（N）】，则在第 2 张幻灯片后，插入演示文稿"西方节日.ppt"的所有幻灯片，如图 17-20 所示。

3) 注意两种插入方式：一种是【全部插入（N）】，是将所选择的课件中的所有幻灯片插入到当前演示文稿中；另一种是分别单击选中所要插入的幻灯片，然后单击【插入（I）】按钮，将所选择的部分幻灯片插入到当前演示文稿中。

8. 移动幻灯片

1) 切换视图，点击**幻灯片视图区**左下角的【幻灯片浏览视图】按钮，这时，工作区切换成所有幻灯片的缩略图，如图 17-21、图 17-22 所示。

图 17-20　导入幻灯片

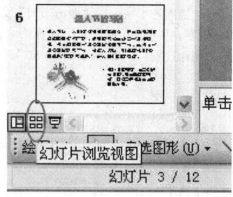

图 17-21　幻灯片视图切换

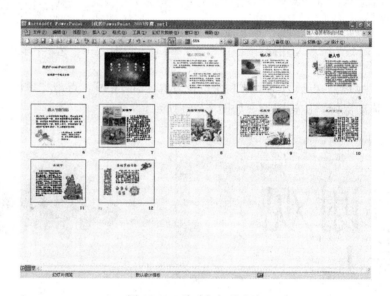

图 17-22　移动幻灯片次序

2）移动幻灯片就是调整幻灯片的顺序。首先选中第 3 张幻灯片"情人节习俗"，按住鼠标左键，拖动到第 4 张幻灯片"情人节"之后，就完成了幻灯片的移动。

9. 保存文件。

我们初步完成了一个演示文稿，保存为："我的 PowerPoint2003.ppt"。

实验 18　PowerPoint2003 演示文稿的美化

实验目的

1. 掌握 PowerPoint2003 的编辑美化手段
2. 将演示文稿进一步加工

实验要求

1. 掌握幻灯片的配色方案
2. 掌握幻灯片的模板应用
3. 掌握幻灯片背景的设置
4. 掌握幻灯片页眉页脚的设置

实验内容及基本步骤

本实验完成幻灯片配色方案的设置、模板的应用以及幻灯片背景的设置。

1. 设置幻灯片配色方案

每个幻灯片模板都有一套配色方案，包括背景、文本和线条、阴影、标题和文本、填充等，配色方案是可以更改的。

1）先选择第 1 张幻灯片，在任务窗格顶部的下拉列表中选择**幻灯片设计**，选择**配色方案**，如图 18-1 所示。

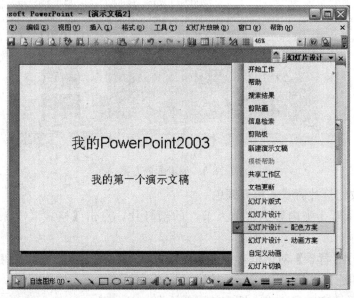

图 18-1　配色方案

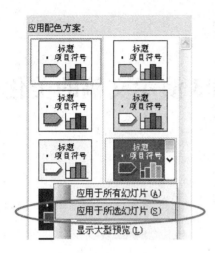

图 18-2 选择方案

2）在**应用配色方案**列表中单击第 3 行，第 2 个的绿色的配色方案，选用**应用于所选幻灯片**，如图 18-2 所示。

3）编辑配色方案：**应用配色方案**列表最下方，点击**编辑配色方案**，可对配色方案的色彩搭配进行编辑，如图 18-3 所示。

2. 设置设计模板

1）在任务窗格顶部的下拉列表中选择**幻灯片设计**下的**设计模板**，如图 18-4 所示。鼠标停留在模板上时，显示该模板的名称。

2）选择名为"古瓶荷花.POT"的模板，如图 18-5 所示，在右侧下拉菜单中选择**应用于所有幻灯片**，整个演示文稿都套用了"古瓶荷花.POT"模板的样式，如图 18-6 所示。

3）选择第 2 张内容为"西方节日"的幻灯片，在右侧模板列表中选择名为"Fireworks.pot"的模板，在右侧下拉菜单中选择**应用于所选幻灯片**，此时，仅该幻灯片套用了"Fireworks.pot"的样式，其他幻灯片没有变化，如图 18-7 所示。

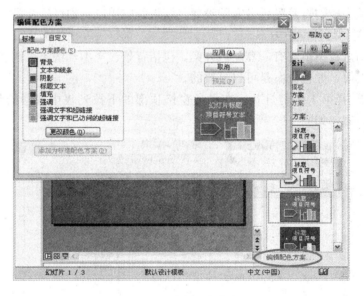

图 18-3 编辑配色方案

3. 更改幻灯片背景和填充颜色

1）选择第 3 张内容为"情人节"的幻灯片，点击【格式（O）】菜单下的【背景】选项。

2）打开【背景】对话框，打开**背景填充**的下拉列表框，弹出**颜色**和**填充效果**列表，如图 18-8 所示。

3）选择**填充效果**，进入**填充效果**对话框。

图 18-4 设计模板

图 18-5 选择设计版式

图 18-6 设计版式的应用范围

图 18-7 设计版式的应用

4) 点击**纹理**选项卡,选择"画布"纹理,【确定】后,单击【应用】,背景改变成画布效果,如图 18-9 所示。

5) 图片作背景:选择第 12 张幻灯片"圣诞节的习俗",选择**填充效果**下的**图片**选项卡,选择已下载的辅助材料中的图片"圣诞节.jpg"作为这一张幻灯片的背景,如图 18-10 所示。

4. 设置演示文稿的页眉页脚

选择任意一张幻灯片,点击【视图（V）】菜单下的【页眉和页脚（H）】,如图 18-11 所示。

在弹出对话框内设置页脚内容:选中"显示幻灯片编号";设置页脚内容为:"PowerPoint 实验";选中"标题幻灯片中不显示",如图 18-12 所示。

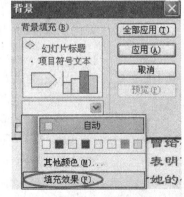
图 18-8 填充效果

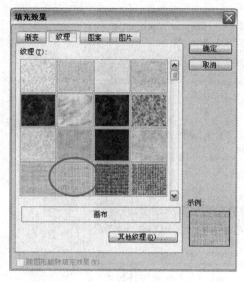

图 18-9 "画布"纹理　　　　　图 18-10 填充图片

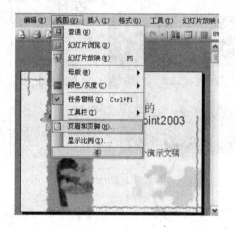
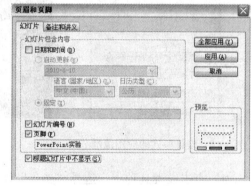

图 18-11 页眉和页脚　　　　　图 18-12 页眉和页脚设置

（注：选中"标题幻灯片中不显示"时，演示文稿的第一页，不显示页眉页脚。）

5．保存

完成幻灯片美化并保存为"我的 PowerPoint2003.ppt"。

实验 19　PowerPoint2003 演示文稿的放映

实验目的

1. 掌握 PowerPoint2003 的放映设置
2. 了解演示文稿的打包和播放

实验要求

1. 掌握演示文稿切换效果的设置
2. 掌握演示文稿动画效果的应用
3. 了解演示文稿的播放和打包

实验内容及基本步骤

本实验的内容是 PowerPoint2003 的放映设置以及演示文稿的打包和播放。

1. 设置幻灯片的切换效果

切换效果是每张幻灯片播放时进入屏幕的方式。

1）选择第 1 页幻灯片，点击【幻灯片放映（D）】菜单下的【幻灯片切换（T）】。

2）打开**幻灯片切换**任务窗格，在**应用于所选幻灯片**列表框中选择切换方式："水平百叶窗"。

3）速度："快速"、换片方式："单击鼠标时"、"应用于所有幻灯片"，如图 19-1 所示。

4）重复步骤 1）～3），将第 4、5 页切换方式分别设置为："盒状收缩"、"垂直梳理"。

5）思考：步骤 4）中不按**应用于所有幻灯片**，观察各页幻灯片的切换方式变化。

2. 为幻灯片对象设置动画效果

幻灯片中的标题、副标题、文本或图片等对象都可以设置动画效果，在放映时以不同的动作出现在屏幕上，从而增加了幻灯片的生动性。PowerPoint 中预设了一些动画供用户选用。

1）点击【幻灯片放映（D）】菜单下的【动画方案（C）】。

2）选择第 3 张内容为"情人节"的幻灯片，在**幻灯片设计**任务窗格中，选择"渐变式擦除"。

注意：在这些动画样式中，不同的动画所适用的对象也不同。比如：我们应用的"渐变式擦除"，针对的对象是：标题和正文，所以右下角的文本框没有动画效果。将鼠标指针指向一种动画样式，会显示出提示信息说明它针对的对象，"随机线条"针对的对象是：标题和正文，动画样式均为："随机线条"，如图 19-2 所示。

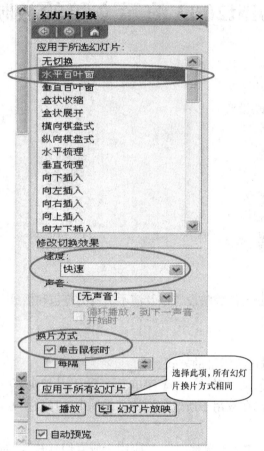

图 19-1　设置幻灯片切换　　　　图 19-2　设置动画效果

如果需要更个性化的动画设置，则需要使用下面要介绍的自定义动画。

3. 自定义动画

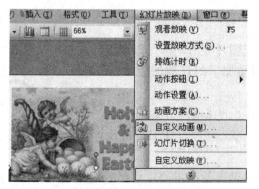

图 19-3　自定义动画

如果用户不满足于预设动画样式，可以自己设定特殊的动画效果。

1）选择第 7 张内容为"复活节"的幻灯片，点击【幻灯片放映(D)】菜单下的【自定义动画(M)】，如图 19-3 所示。

选择名为"复活节 1.jpg"的耶稣受难图，单击**自定义动画**任务窗格中的**添加效果**按钮，设置【进入(E)】："菱形"，如图 19-4 所示；然后对图片动画的开始、方向、速度进行设置，如图 19-5 所示。

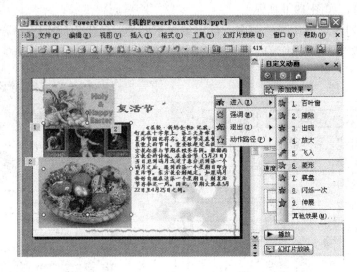

图 19-4　设置自定义动画——菱形进入

2）使用同样的方法，设置【强调（M）】，选择"放大/缩小"效果，其他选项如图 19-6 所示；设置【退出（X）】，选择"飞出"效果，其他选项如图 19-7 所示。

 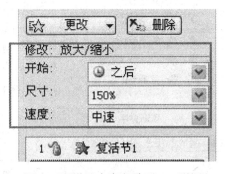

图 19-5　菱形进入设置　　　　　图 19-6　设置自定义动画——强调

3）选择正文文本框，选择自定义动画中的【添加效果】按钮设置【进入（E）】，选择"擦除"效果，如图 19-8 所示。

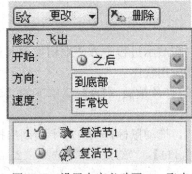 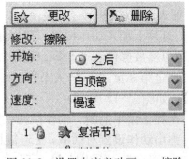

图 19-7　设置自定义动画——飞出　　图 19-8　设置自定义动画——擦除

4）选择名为"复活节 3.jpg"的彩蛋图片，重复以上操作，选择进入方式为：百叶窗，如图 19-9 所示。

5）排列各对象动画的顺序，可以编辑不同的对象出现的次序。

6）如果要删除动画效果，单击任务窗格里的【删除】按钮，如图 19-10 所示。

图 19-9　设置自定义动画——百叶窗　　图 19-10　删除自定义动画

图 19-11　预览动画效果

7）完成之后，点击左下角的【播放】按钮，查看幻灯片中各个对象的动画效果，如图 19-11 所示。

4. 插入超级链接

为第 2 页的幻灯片目录制作超链接：

1）选中内容为"情人节"的文本框；

2）点击【插入（I）】菜单下的【超链接（I）…】，打开**插入超链接**对话框，先在左边一栏选择：链接到**本文档中的位置（A）**；

3）选择要链接的文件"3. 情人节"；

4）重复步骤 1）～3），完成其他几个文本框与对应幻灯片的超链接设置，如图 19-12 所示。

5）删除超链接，选中文本框（变成四方向箭头），单击鼠标右键，选择【删除链接（R）】。

5. 插入动作按钮

在幻灯片上加入动作按钮，可以使用户在演示过程中方便地切换到其他幻灯片，也可以播放影像、声音等，也可以启动应用程序。

1）选定第 3 页"3. 情人节"，执行【幻灯片放映（D）】菜单下的【动作按钮（I）】，如图 19-13 所示。

2）选择子菜单上的"动作按钮：开始"，拖动鼠标在幻灯片上绘制出按钮。

3）弹出**动作设置**对话框，【超链接到（H）】："幻灯片"，选择"2. 幻灯片 2"，单击"确定"，如图 19-14 所示。

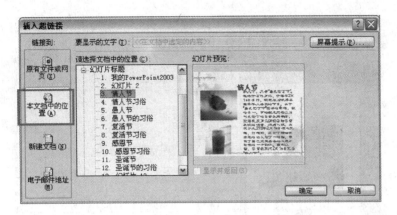

图 19-12　设置超链接

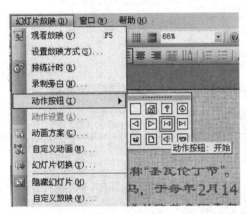

图 19-13　添加动作按钮

图 19-14　设置按钮的超链接（一）

4）重复步骤 1）～3），设置按钮"结束"按钮，【超链接到（H）】："最后一张幻灯片"，如图 19-15 所示。

5）更改动作设置：鼠标右键单击动作按钮，选：【动作设置（A）…】。

6）编辑按钮格式：鼠标右键单击动作按钮，选：【设置自选图形格式】，可以对填充颜色等项目进行更改。

设置完成后，按住键盘的"Ctrl"键，点击两个动作按钮，同时选中，然后复制，分别粘贴到第 5、7、9、11 页。这样，每页都有按钮可以返回目录，也可以直接切换到最后一页。

6. 幻灯片放映的设置

点击【幻灯片放映】菜单下的【设置放映方式（D）】，选项如图 19-16 所示。

7. 放映演示文稿

放映演示文稿有三种方式：

1）点击【视图（V）】菜单下的【幻灯片放映（D）】。

2）点击【幻灯片放映（D）】菜单下的【观看放映（V）】。

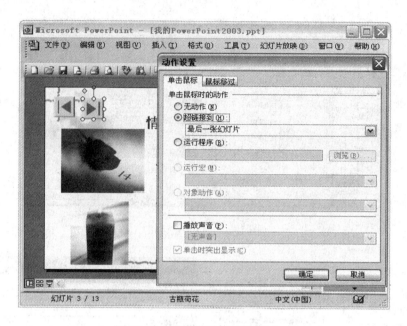

图 19-15 设置按钮的超链接（二）

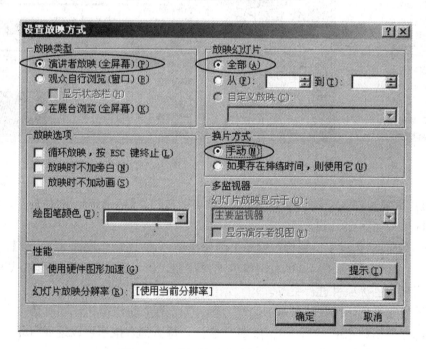

图 19-16 设置演示文稿的放映方式

3）单击大纲编辑窗口底部的放映按钮（Shift＋F5），从当前幻灯片开始幻灯片放映。右边任务窗格下方的【幻灯片放映】按钮能与此相同。

放映过程中，点击鼠标右键，出现快捷菜单，可以进行"前进"、"后退"、"结束"等操作，如图 19-17 所示。

8．演示文稿的打包

演示文稿编辑完成后，经常需要异地播放。如果放映演示文稿的计算机没有安装 PowerPoint2003，就无法播放后缀为".ppt"的文件。此时，我们需要事先将演示文稿打包。

1）点击【文件（F）】菜单下的【打包成 CD（K）…】，如图 19-18 所示。

2）在**打包成 CD** 对话框中，**将 CD 命名为**："西方节日"。如果有多个演示文稿文件需要一起打包，可以点击【添加（A）】，添加需要打包的演示文稿文件。

3）单击【复制到文件夹（F）】按钮，如图 19-19 所示，在弹出的

图 19-17　放映中使用快捷菜单

对话框内，指定文件夹名为："我的 Powerpoint2003"，压缩包存放的位置 "D：\"，然后单击【确定】按钮，开始打包，如图 19-20 所示。

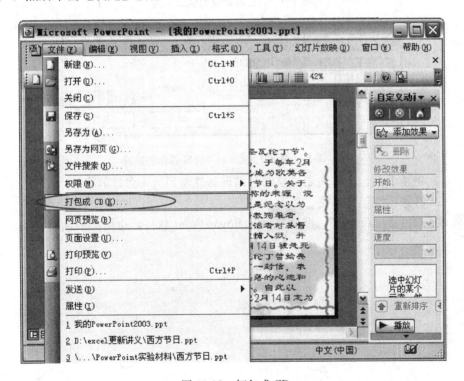

图 19-18　打包成 CD

4）打包完毕，回到**打包成 CD** 对话框中，单击【关闭】按钮退出。

5）此时在指定位置生成压缩包文件夹 "我的 Powerpoint2003"。

9. 异地播放

在异地没有安装 PowerPoint2003 的计算机上播放已打包的演示文稿。步骤如下：

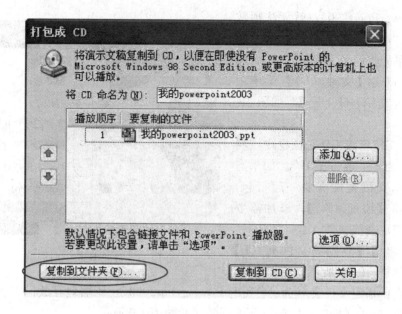

图 19-19　复制需要打包的文件

图 19-20　指定打包后的文件夹名称和位置

1) 将整个打包文件夹通过移动存储设备复制到另一台计算机。
2) 打开压缩包文件夹。
3) 双击"play.bat",即便是没有 PowerPoint 软件,也可播放演示文稿。

第五部分　Internet 实战

实验 20　网络浏览器的使用

实验目的

网络浏览器是我们通过网络获取资源的一种重要的、常用的工具，因此，应掌握 IE 浏览器的设置及使用，并在此基础上，掌握搜索引擎的概念及使用。目前网络上使用的浏览器有很多，如：Internet Explorer、Mozilla Firefox、opera 浏览器、世界之窗浏览器、遨游浏览器、腾讯浏览器等，各有其特点。我们整个实验中选择使用的是微软 Internet Explorer（简称 IE）。

实验要求

1. Internet 属性设置
2. 收藏夹的使用
3. 网页的保存
4. 管理加载项

实验步骤

1. Internet 属性设置

代理服务器英文全称是 Proxy Server，其功能就是代理网络用户去取得网络信息。形象地说：它是网络信息的中转站。在一般情况下，我们使用网络浏览器直接去连接其他 Internet 站点取得网络信息时，是直接联系到目的站点服务器，然后由目的站点服务器把信息传送回来。代理服务器是介于浏览器和 Web 服务器之间的另一台服务器，有了它之后，浏览器不是直接到 Web 服务器去取回网页而是向代理服务器发出请求，请求会先送到代理服务器，由代理服务器来取回浏览器所需要的信息并回送到请求的浏览器。

大部分代理服务器都具有缓冲的功能，能显著提高浏览速度和效率。

更重要的是：代理服务器是 Internet 链路级网关所提供的一种重要的安全功能，它的工作主要在开放系统互联（OSI）模型的对话层，从而起到**防火墙**的作用。

（1）设置代理服务器

1）依次选择 IE 浏览器上的【工具 T】→【Internet 选项 O】→【连接】→【局域网设置 L】，如图 20-1 所示。

2）将"代理服务器"下的检测框打钩，并在地址框中输入代理服务器地址及端口，如：IP：10.1.30.98，Port：808（或由指导老师提供）。

3) 按【确定】即完成代理服务器的设置。

(2) 设置首页及安全

随着网络应用的普及,很多公司、企业的很多日常管理利用网络来进行,企业的应用相对于普通的网页形式有很大的不同,企业应用在功能性、易操作性上有较高要求,往往会用到很多客户端认为是不安全的技术,其实不然。客户端如不将该应用加入信任列表,可能 IE 浏览器会阻止某些功能的实现。

1) 打开网页 http：//cc.seu.edu.cn。

2) 依次选择 IE 浏览器上的【工具】→【Internet 选项】→【常规】,如图 20-2 所示。

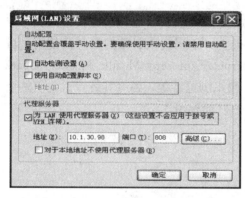

图 20-1　IE 代理设置

图 20-2　Internet 常规设置

3) 选择【使用当前页】即将 http：//cc.seu.edu.cn 设为首页。

4) 依次选择【安全】→【受信任的站点】→【站点】钮,如图 20-3 所示。

5) 输入网址：http：//cc.seu.edu.cn 后点【添加】钮(注意去掉图示红圈中的钩)。

6)【确定】即完成对该站点的受信任设置(注意,不要随意对陌生的站点进行此操作,以防对你的系统产生安全隐患)。

(3) 高级设置

1) 依次选择 IE 浏览器上的【工具】→【Internet 选项】→【高级】,如图 20-4 所示。

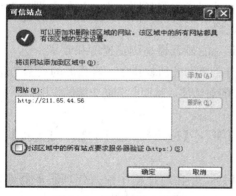

图 20-3　可信任站点列表

图 20-4　Internet 高级选项设置

2）设置以下几项：

①播放网页中的动画（取消选择）；

②显示图片（取消选择）；

③播放网页中的声音（取消选择）；

④播放网页中的视频（取消选择）。

3）确定后继续浏览网站，比较与以前的差异。

4）重复步骤1）操作中的界面，点击【还原默认设置】按钮，恢复系统默认设置。

2．IE 浏览器收藏网址管理

1）输入网址 http：//cc.seu.edu.cn/后回车。

2）选择 IE 浏览器工具栏上的【收藏（A）】，或直接按 **Alt**＋**A** 键，如图 20-5 所示。

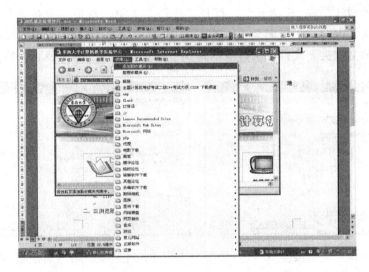

图 20-5　将网页添加到收藏夹

3）选择【添加到收藏夹】，如图 20-6 所示。

图 20-6　设置收藏夹

4）按【创建到（C）》】→【创建新文件夹】→输入"东南大学内部网址"后确定，如图 20-7 所示。

5）导出收藏夹。

打开菜单【文件】→【导入与导出（I）】→选【下一步】→选【导出收藏夹】；如图 20-8 所示。

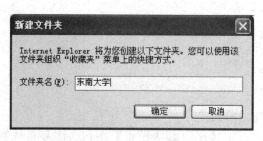

图 20-7 收藏夹中新建文件夹

按【下一步】→【下一步】→选【浏览】→输入"e：\我的收藏"→【保存】。

6) 导入收藏夹。

打开菜单【文件】→【导入与导出（I）】→选【下一步】→选【导入收藏夹】→【下一步】→输入或浏览文件："E：\我的收藏.htm"，如图 20-9 所示。

按【下一步】→【下一步】→【完成】。

3. 保存网页

上网浏览，看到好网页的时候，我们总是要把它保存下来，以便以后随时浏览。通常的做法是在 IE 浏览中，打开"文件"菜单，选择"另存为"选项，然后将网页文件保存为扩展名为 htm 的文件，这样保存后会生成一个 htm 文件和一个同名的文件夹，文件夹中存放的是这个网页中使用的图片及其他数据文件。

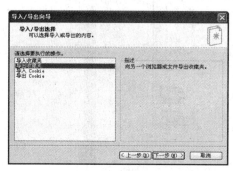

图 20-8 导出收藏夹（一）

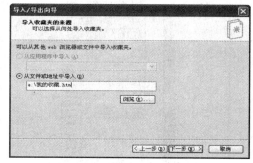

图 20-9 导出收藏夹（二）

1) 打开要保存的网页，依次选择浏览器的菜单或选项【文件】→【另存为】→在对话框【保存类型】中选择【网页，全部（*.htm；*.html）】→点【保存】，保存后会生成一个 htm 文件和一个同名的文件夹，文件夹中存放的是这个网页中使用的图片及其他数据文件。这样保存有一个缺陷是网页和文件是分开的，这样在移动时不慎将它们分开的话就无法正常打开了。

2) 将整个网页的元素保存到一个文件中，打开要保存的网页，依次选择浏览器的菜单或选项【文件】→【另存为】→在对话框【保存类型】中选择"Web 档案，单一文件（*.mht）"→点【保存】。这样所有网页信息就全部保存在一个扩展名为 mht 的文件中了，设置如图 20-10 所示。

4. 浏览器组件（*）

网络浏览器的功能分别由不同的组件提供，而这些组件来源于不同的提供商，良莠不齐，有些组件在用户上网操作时能大大提高用户体验。反之不然，有的组件常常会造成系统不稳定并降低系统性能，更有甚者，会对系统埋下安全隐患。本实验学习如何使用加载项来关启这些组件。

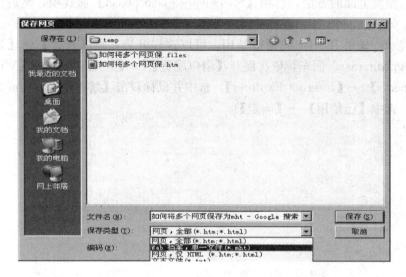

图 20-10 导出网页到单一文件

注意：本实验建议在 IE7.0 或更高版本下进行。

1）打开 IE，点击【工具】→【管理加载项】，弹出"管理加载项"窗口，在这里你可以查看所有的加载项，如图 20-11 所示。

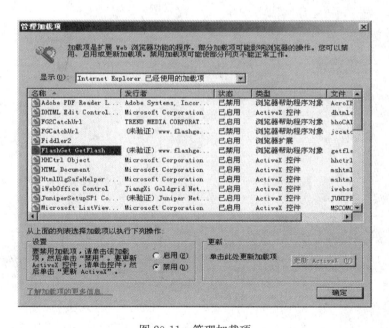

图 20-11 管理加载项

2）在"显示"框中，加载项分为两种：IE 已经使用的加载项（计算机上所有存在的加载项）和 IE 中当前加载的加载项（IE 启动后被加载的软件）。分别选中这两个选项进行查看。

3）单击【Shockware Flash object】加载项，然后单击"禁用"按钮，这时打开 http://cc.seu.edu.cn，检查页面的 flash 是否显示。

4) 重复上面的方法，启用【Shockware Flash object】加载项，然后再查看 http：//cc.seu.edu.cn，查看页面的变化。

（提示：如果 IE 中加载项被禁用，可以这样开启，点【开始】→【运行】，输入"gpedit.msc"回车，依次展开【用户配置】→【管理模板】→【Windows components】→【Internet Explorer】，选中并鼠标双击【禁止用户启用或禁用加载项】，选中【已禁用】→【确定】）

实验 21 Internet 搜索技巧

实验目的

1. 了解常用的搜索引擎
2. 掌握搜索引擎的使用方法和技巧

实验要求

1. 掌握搜索引擎（Google、百度、Yahoo）的使用
2. 了解搜索引擎的高级搜索功能的使用方法

实验步骤

任 务	步 骤
使用门户网站进行查询，常用门户网站有：www.baidu.com，www.google.com，www.yahoo.com 等，实验中任选一个即可	1. 打开 Internet Explorer 浏览器，键入网址：Http://www.google.com，点击【转到】按钮后进入网站
查询完整语句：目前的大多搜索引擎都采用智能处理查询语句，将查询语句分拆为若干关键字，虽然这项功能本身对很多用户来说获益匪浅，但有时就是想查找包含某些准确的语句，可以通过加**双引号**来限定即可	2. 下载易中天品三国视频全集 查询关键字： • "易中天品三国视频全集下载" • 易中天品三国视频全集下载比较其查询结果
过滤关键字："—"可去除无关搜索结果，提高搜索结果相关性	3. 查询关键字： • 青岛 • 青岛－啤酒 比较查询结果
选择适当的查询词：目前的搜索引擎并不能很好地处理自然语言。因此，在提交搜索请求时，您最好把自己的想法，提炼成简单的，而且与希望找到的信息内容主题关联的查询词	4. 如果想查"名人名言"，理解名言通常就是名人留下来的 查询关键词： • 名人名言 • 名言 问题：使用"名人名言"作为查询词是不是减少很多有价值信息

续表

任 务	步 骤
根据网页特征选择查询词：很多类型的网页都有某种相似的特征。例如，小说网页，通常都有一个目录页，小说名称一般出现在网页标题中，而页面上通常有"目录"两个字，点击页面上的链接，就进入具体的章节页，章节页的标题是小说章节名称；软件下载页，通常软件名称在网页标题中，网页正文有下载链接，并且会出现"下载"这个词，等等。 注：Intitle，表示后接的词限制在网页标题范围内	5. 找明星的个人资料页。一般来说，明星资料页的标题，通常是明星的名字，而在页面上，会有"姓名"、"身高"等词语出现。 请查询刘翔的个人资料 · 刘翔 · 档案 intitle：刘翔 · 姓名 身高 intitle：刘翔 比较查询的结果的准确性
找软件下载：**直接找下载页面**这是最直接的方式。软件名称，加上"下载"这个特征词，通常可以很快找到下载点	6. 查询关键字："flashget 下载"
找软件下载：**在著名的软件下载站找软件**由于网站质量参差不齐，下载速度也快慢不一。如果我们积累了一些好用的下载站（如天空网、华军网、电脑之家等），就可以用 site 语法把搜索范围局限在这些网站内，以提高搜索效率。 注：site 表示后面接站点名称	7. 查询关键字： 网际快车 site：skycn.com
找问题解决办法： 一个基本原则是，在构建关键词时，我们尽量不要用自然语言，而要从自然语言中提炼关键词	8. 我们上网时经常会遇到陷阱，浏览器默认主页被修改并锁定。查询关键字： · 我的浏览器主页被修改了，谁能帮帮我呀。 · 浏览器主页被修改 请比较搜索结果的准确性
找论文或范文：	9. 查询关键字： · 市场 消费 需求 intitle：调查报告 · 我志愿加入中国共产党 入党申请书 · 第一 第二 第三 intitle：工作总结
找专业报告：很多情况下，我们需要有权威性的，信息量大的专业报告或者论文。比如，我们需要了解中国互联网状况，就需要找一个全面的评估报告，而不是某某记者的一篇文章；我们需要对某个学术问题进行深入研究，就需要找这方面的专业论文。找这类资源，除了构建合适的关键词之外，我们还需要了解一点，那就是：重要文档在互联网上存在的方式，往往不是网页格式，而是 Office 文档或者 pdf 文档。 注："filetype："这个语法来对搜索对象做限制，冒号后是文档格式，如 pdf、doc、xls 等	10. 查询关键字： · 霍金 黑洞 filetype：pdf · 入党申请书 filetype：doc

续表

任 务	步 骤
计算公式：（目前仅 google 支持） 基本运算符：加"＋"、减"－"、乘"＊"、除"/"； 基本运算符：次方"^"、模"％"、平方根"sqrt"、以 e 为底的对数"ln"、以 10 为底的对数"log"； 三角函数：底 sin，cos 等	11. 输入公式： • 8＊100＋20-19＋90/2＝ • sqrt（9）＋10＝
其他：搜索的关键，在于如何把自己的需求用简练的语言描述出来。搜索技巧，最基本同时也是最有效的，就是选择合适的查询词，选择查询词是一种经验积累，再者就是综合应用多种查询方法，以找到你想要的资源，这需要在日常的工作学习中多加锻炼	12. 查询关键字 • photoshop 技巧集锦 • 数码相机 使用指南 • dreamweaver inurl：jiqiao • 眼皮上落着一只苍蝇 谜底 • MP3 播放器 site：Samsung.com.cn • MP3 播放器 选购指南

实验 22 网络综合应用

实验目的

1. 熟悉浏览器的使用
2. 熟练掌握电子邮件的 Web 方式的使用方法
3. 了解电子邮件客户端的使用方法
4. 了解常用的聊天软件

实验要求

1. 通过 Web 申请 QQ 账号
2. 使用 QQ 客户端登陆
3. 激活电子邮件
4. 使用 QQ 电子邮件（Web 方式）发送与接收邮件
5. 使用 Outlook 配置 QQ 电子邮件发送与接收邮件

实验步骤

1. 通过 Web 申请 QQ 账号

1）通过 IE 浏览器，打开网址：http：//freeqq2.qq.com/，如图 22-1 所示。

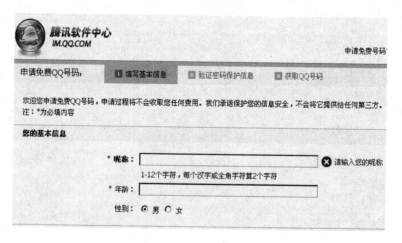

图 22-1 申请 QQ 页面

2）在页面中输入相关数据；注意输入框前带 * 号标记的是必填项，点击下一步，出现图 22-2 所示。

3）这样你已经成功申请了一个 QQ 号，同时也拥有了一个用户名为 qq 号码

图 22-2　申请 QQ 成功页面

的电子邮件：985322906@qq.com。

2. 使用 QQ 客户端登陆 QQ

打开桌面上的【腾讯 QQ】软件，输入你的 QQ 号码及密码，如图 22-3 所示，登录 QQ。

图 22-3　登录 QQ 及成功页面

3. 激活电子邮件

成功登陆后，在面板上点击"邮件"，激活电子邮件，如图 22-4（左）所示，按向导完成电子邮件的激活，如图 22-4（右）所示。

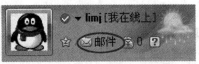

图 22-4　激活 QQ 邮件账号

4. 什么是电子邮件？

电子邮件（E-mail，也被大家昵称为"伊妹儿"）是英文 Electronicmail 的简写，是 Internet 应用最广的服务：通过网络的电子邮件系统，您可以用非常低廉的价格（不管发送到哪里，都只需负担电话费和网费即可），以非常快速的方式（几秒钟之内可以发送到世界上任何你指定的目的地），与世界上任何一个角落的网络用户联系，这些电子邮件可以是文字、图像、声音等各种方式。同时，您可以得到大量免费的新闻、专题邮件，并实现轻松的信息搜索。这是任何传统的方式也无法相比的。正是由于电子邮件的使用简易、投递迅速、收费低廉、易于保存、全球畅通无阻，使得电子邮件被广泛地应用，它使人们的交流方式得到了极大的改变。下面通过 QQ 电子邮件实验电子邮件的 Web 方式与客户端使用方法。

5. 使用 QQ 电子邮件（Web 方式）

1）点击上图中的【邮件】，进入 QQ 邮件 Web 站点。

2）QQ 邮件可以进行 Web 管理，在这里我们可以发送邮件、查看接收的邮件等功能，如图 22-5 所示。

图 22-5　IE 进入 QQ 邮箱

6. 测试发送与接收（Web 方式）

1）互相发送邮件测试，点击如图 22-5 中的【写信】链接，进入撰写邮件的界面，在【收件人】输入框填写收件人地址 E-mail，然后分别填写邮件的主题及正文，还可以添加附件、照片、表情、音乐、信纸等。

2）邮件填写完毕，点击图 22-6 中的【发送】按钮发送邮件。

3）点【收信】链接，查看你的邮件，查看页面提供的功能，自行进行测试【删除邮件】、【移动邮件】等功能。

7. Outlook 配置邮件服务器（*）

1）QQ 邮件默认没有开通客户端功能，需要我们自行开通，依次点击 web 邮件上面的【设置】→【账户】→在【开启 POP3/SMTP 服务】打钩，如图 22-7 所示。

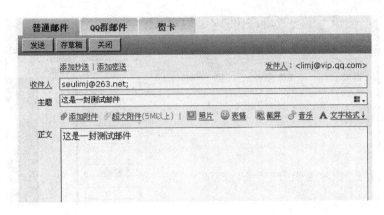

图 22-6　发送邮件

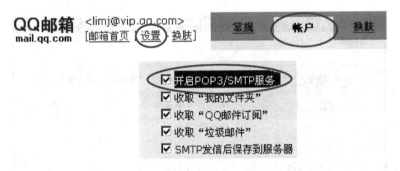

图 22-7　激活客户端收发 QQ 邮件

2）设置之后，你的 QQ 邮件就可以使用客户端软件发送与接收了。

3）启动 OUTLOOK，依次点击【开始】→【程序】→【OutlookExpress】启动 OutlookExpress，如图 22-8 所示。

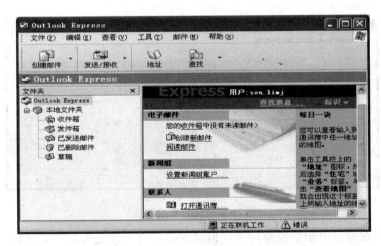

图 22-8　实用 Outlook 收发电子邮件

4）点击【工具】→【账户】→【添加】→【邮件】，直至完成，如图 22-9 所示。

5）依次按以下步骤进行配置，如图 22-10～图 22-13 所示。

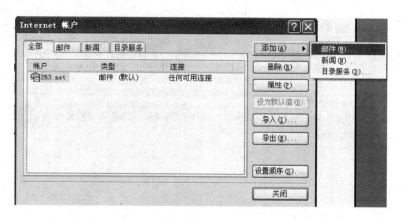

图 22-9　添加邮件账户

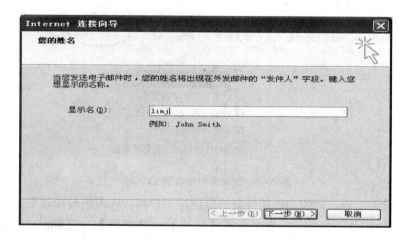

图 22-10　配置账户（一）

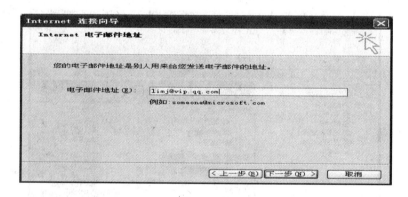

图 22-11　配置账户（二）

6）该配置可以正常收邮件了，但是发送邮件可能还有问题，原因是防止那些非法用户利用该邮件服务器滥发垃圾邮件，SMTP 服务器需要身份验证。因此还需要进行如下设置。依次点击【工具】→【账户】→选中【pop.qq.com】→【属性】→勾上【我的服务器需要身份验证】，如图 22-14 和图 22-15 所示。

7）至此，邮件的配置基本完成，可以利用 Outlook express 收发邮件了。现

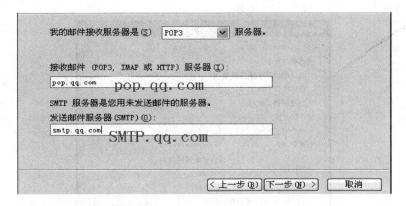

图 22-12 配置端口

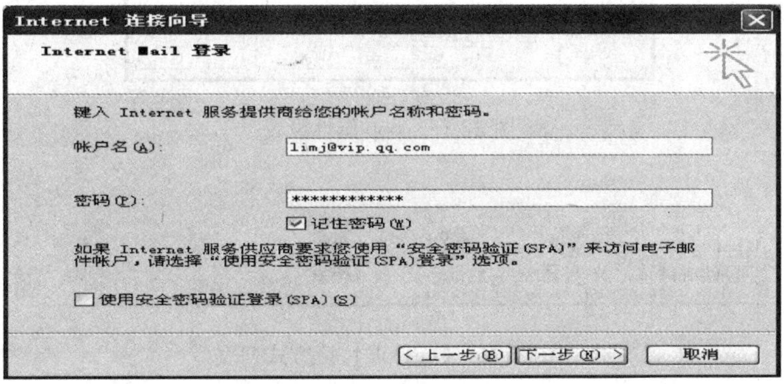

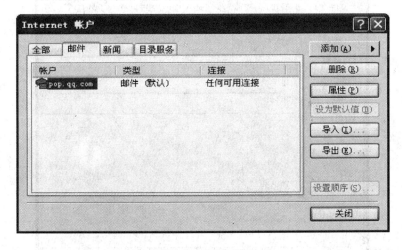

图 22-13 配置用户

图 22-14 账户属性

在测试发送一封邮件。依次如下操作→【创建邮件】→【填写收件人地址】→【书写主题】→【填写内容】→【发送】，如图 22-16 和图 22-17 所示。

8）选择信纸，依次打开【格式】→【应用信纸】→选【晴朗】。

9）接收邮件，点击【发送/接收】，如图 22-18 所示。

图 22-15 pop 属性设置

图 22-16 Outlook 快捷方式列表

图 22-17 实用 Outlook 写邮件

10) 收件箱查看邮件,打开左边树形菜单"收件箱",如图 22-19 所示。

图 22-18　测试发送和接收邮件

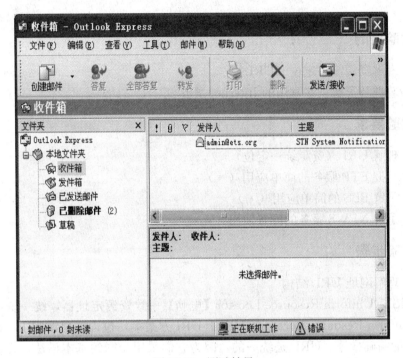

图 22-19　测试结果

实验 23　其他网络服务*

实验目的

1. 理解资源统一定位（URL）
2. 掌握及了解一些常用的 Internet 服务

实验要求

1. 理解 URL（资源统一定位）
2. 掌握 FTP 服务的简单应用（*）
3. 了解 BBS 的简单应用（*）
4. 了解 NEWS 服务的配置使用（*）

实验步骤

1. 理解网址 URL 结构

URL，Uniform Resource Locator【电脑】一致资源定址器，统一资源定位符（Uniform Resource Locator，URL）URI 方案集，包含如何访问 Internet 上的资源的明确指令。URL 是统一的，因为它们采用相同的基本语法，无论寻址哪种特定类型的资源（网页、新闻组）或描述通过哪种机制获取该资源。

基本结构：

协议＋用户名＋密码＋主机＋服务端口＋目录结构＋文件名＋参数

◆ 协议：如 HTTP、FTP、MAILTO、TELNET 等。
①file 资源是本地计算机上的文件。
②ftp 通过 FTP 访问资源。
③gopher 通过 Gopher 协议访问该资源。
④http 通过 HTTP 访问该资源。
⑤https 通过安全的 HTTP 访问该资源。
⑥mailto 资源为电子邮件地址，通过 SMTP 访问。
⑦news 通过 NNTP 访问该资源。

◆主机：服务器地址，一般可以是域名如 cc.seu.edu.cn，也可以是 IP 地址如：10.1.30.99。

◆查看网络服务默认端口号，有兴趣可以打开系统文件来了解服务端口。

①点【开始】→【运行】→输入：%windir%/system32/drivers/etc/services 后回车，选择【记事本】打开。

②在记事本中选【编辑】→【查找】→输入：80→【查找下一个】。

③分析所在行信息。

协议名	端口/协议	别名	介绍
http	80/tcp	www www-http	#World Wide Web

④同样方法了解 ftp、telnet、news 等服务的信息。

1) 打开监控窗口，点【开始】→【运行】，键入"**cmd**"回车进入 DOS 窗口，键入 netstat-a-n5（回车）。

应用程序监控界面如图 23-1 所示。

图 23-1 监控列表

2) 打开 IE 浏览器，在地址栏分别输入以下地址，回车验证实验效果。
- www.seu.edu.cn
- http：//10.1.30.99
- http：//cc.seu.edu.cn：81
- ftp：//ftp.seu.edu.cn
- ftp：//user：pass@ftp.seu.edu.cn
- mailto：user@seu.edu.cn
- Telnet：//bbs.seu.edu.cn

3) 切换到第一步打开的 DOS 监控界面，查看并分析监控窗口的数据。

记录数据：

URL	本地端口	远程地址	远程端口
www.seu.edu.cn			
http：//10.1.30.99			
http：//cc.seu.edu.cn：81			
ftp：//ftp.seu.edu.cn			
Telnet：//bbs.seu.edu.cn			

思考：对同一个 URL 的多次访问，建立连接的本地端口是否一样？远程地址与远程端口是否变化？

图例说明：
- Proto：协议的名称（TCP 或 UDP）。
- LocalAddress：本地计算机的 IP 地址和正在使用的端口号。如果端口尚未建立，端口以星号（*）显示。

- Foreign Address：连接该插槽的远程计算机的 IP 地址和端口号码。如果端口尚未建立，端口以星号（*）显示。
- state：表明 TCP 连接的状态。如：ESTABLISHED，LISTEN。
- PID：进程编号。

2.FTP 的简单应用

FTP 是 TCP/IP 协议组中的协议之一，是英文 File Transfer Protocol 的缩写。该协议是 Internet 文件传送的基础，它由一系列规格说明文档组成，目标是提高文件的共享性，提供非直接使用远程计算机，使存储介质对用户透明和可靠高效地传送数据。简单地说，FTP 就是完成两台计算机之间的拷贝，从远程计算机拷贝文件至自己的计算机上，称之为"下载（download）"文件。若将文件从自己计算机中拷贝至远程计算机上，则称之为"上载（upload）"文件。在 TCP/IP 协议中，FTP 标准命令 TCP 端口号为 21，Port 方式数据端口为 20。FTP 协议的任务是从一台计算机将文件传送到另一台计算机，它与这两台计算机所处的位置、连接的方式、甚至是否使用相同的操作系统无关。假设两台计算机通过 FTP 协议对话，并且能访问 Internet，你可以用 FTP 命令来传输文件。每种操作系统使用上有某一些细微差别，但是每种协议基本的命令结构是相同的。

1）打开桌面上的【InternetExplorer】。

2）在地址栏输入：ftp：//10.1.30.81 或者由指导老师提供，结果因服务器不同而不同，该界面类似 Windows 的资源管理器，复制一个文件（文件名）及文件夹（文件夹名）到本地 E：盘。如图 23-2 所示。

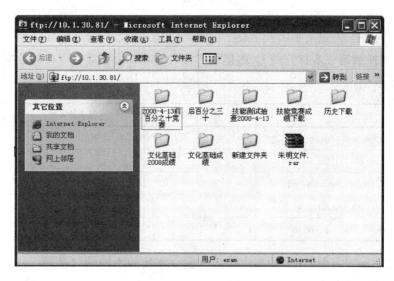

图 23-2 访问 ftp 服务器

3）登陆 ftp 服务器，在空白处按鼠标右键，选【登录】，输入用户名及密码，用户名：test，密码：test；（或由指导老师提供），如图 23-3 所示。

4）上载本地文件。先复制本地 E：以学号命名的文件，在 ftp 界面使用粘贴功能，即完成。

3. BBS 简单实用方法

BBS 是 Bulletin Board System 的简称，意即电子公告板。BBS 是 Internet 最知名的服务之一，它开辟了一块"公共"空间供所有用户读取和讨论其中信息。一般 BBS 站点地址以域名形式出现，这些站点可通过远程登录进行连接，更多的站点采用 www 的形式供用户使用。如东南大学 BBS 就分别可以使用如下方式访问：telent：//sbbs.seu.edu.cn 及 http://sbbs.seu.edu.cn。

图 23-3 ftp 服务器快捷登录

1) 打开东南大学 BBS。

方法一：【开始】→【运行】→输入：telnet sbbs.seu.edu.cn 回车。

方法二：打开 IE 浏览器，在地址栏输入：telnet：//sbbs.seu.edu.cn。

出现如图 23-4 所示的界面：

2) 输入"guest"，以匿名的方式访问本站，只能查看，不能发言。课外注册一个用户名，并通过学校的认证，就拥有发言讨论等功能。使用↑、↓、←、→及回车键进行操作。直至进入主菜单界面，如图 23-5 所示。

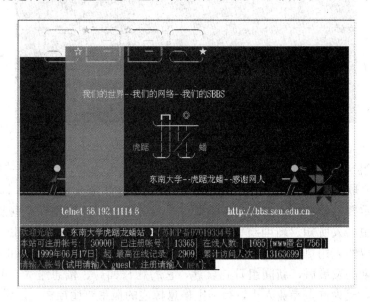

图 23-4 BBS 访问（一）

3) 使用方向键进入 Group【分类讨论区】→【休闲娱乐】→直至出现帖子列表。

4) 查看使用帮助，直接输入"h"，使用帮助，仔细阅读帮助，如图 23-6 所示。

5) 按向左方向键退出帮助，返回帖子列表，按向右键阅读该帖子。

6) "←"返回主界面。选择【（G）oodBye】退出本站。

4. News 新闻服务组的配置与使用

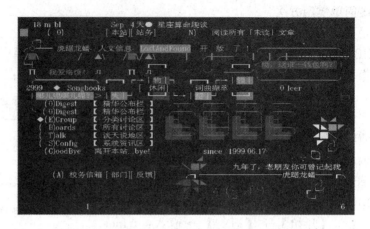

图 23-5　BBS 访问（二）

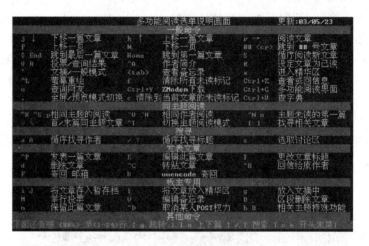

图 23-6　BBS 帮助列表

新闻组（Usenet Newsgroup）是比 www 浏览更为"古老"的一种网络服务，现在互联网上的各种 BBS（含论坛、社区等）都是在它的基础上发展而来的。许多重要的信息（比如新闻、新软件）往往第一时间出现在一些新闻组上，之后才被更多人所知。新闻组中对帖子的阅读、发表、回复等都是以 E-mail 的形式来完成的，用户将自己感兴趣的内容下载后，就可以脱机后再随时浏览。在经历了长期的发展后，新闻组日趋成熟，它的题材面广、信息量大、时效性强、自由度高，成为许多专业人士进行网上信息传递的最主要途径之一。

1）启动 Outlook，依次点击【开始】→【程序】→【Outlook Express】启动 Outlook Express。

2）依次点击【工具】→【账户】→【添加】→【新闻服务器】→直至【完成】；其中新闻服务组为微软服务组：news.microsoft.com，它在全球范围使用最为广泛。如图 23-7（a）、图 23-7（b）、图 23-7（c）所示。

3）接下来会提示下载新闻组，按【是】如图 23-8（a）、图 23-8（b）所示。

4）在"显示包含以下内容的新闻组"中输入"cn"过滤非中文新闻组，从列表中分别选择：如图 23-9 所示。

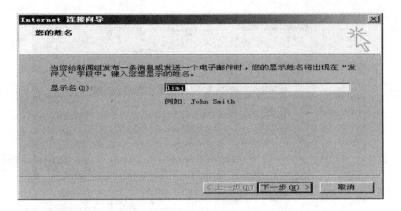

图 23-7（a） 设置 Internet 邮件用户

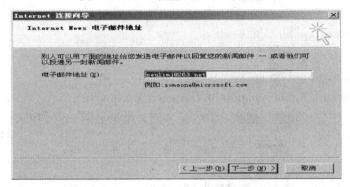

图 23-7（b） 设置邮件

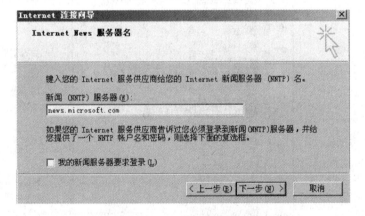

图 23-7（c） 设置新闻服务器

图 23-8（a） 添加新闻组

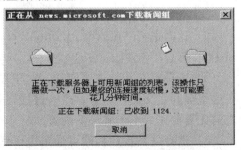

图 23-8（b） 下载新闻组列表

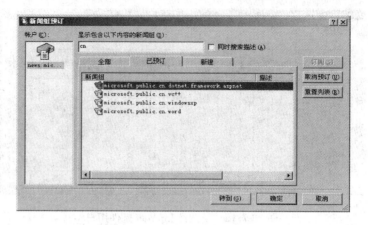

图 23-9　添加其他新闻组

- microsoft. public. cn. word
- Microsoft. public. cn. windowsxp
- Microsoft. public. cn. vc++
- Microsoft. public. cn. dotnet. framework. aspnet

5) 按确定完成预定，回到 Outlook 界面，结果如图 23-10 所示。

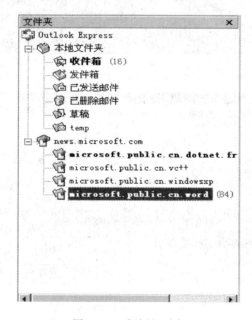

图 23-10　新闻组列表

  6) 这时选择"mircosoft. public. cn. word"，会立刻下载新闻列表，如图 23-11 所示。

  7) 选择有兴趣的主题展开，这里就是一个全球化学习交流的社区，你可以在这里提问、交流、解答，这一过程均是通过电子邮件实现，因此在完成此操作之前先需要完成电子邮件的配置。

  8) 选择【新投递】即可通过电子邮件方式发送你的问题到新闻组，同样也是通过邮件方式答复新闻组。如图 23-12、图 23-13 所示。

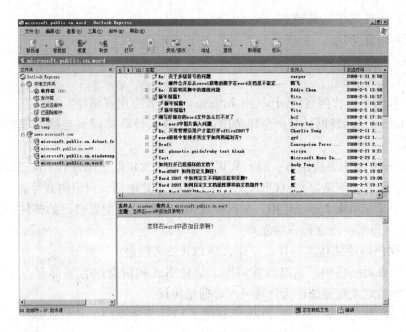

图 23-11　Word 新闻组列表示例

图 23-12　投递新闻快捷菜单

图 23-13　发送新投递示例

思考题

1. 什么是计算机网络？它有哪些主要功能？

计算机网络指利用通信设备和线路将地理位置不同的、功能独立的多个计算机系统互联起来，以功能完善的网络软件实现网络中资源共享和信息交换的系统。

计算机网络的主要功能：

（1）资源共享（基础）

（2）信息交换

（3）分布式处理

（4）集中管理

2. 什么是因特网（Internet）？Internet 的主要应用有哪些？

Internet（因特网）是由全球范围内的开放式计算机网络连接而成的计算机互联网。

Internet 的主要应用有：（1）WWW 服务；（2）电子邮件；（3）文件传输；（4）网上聊天、网络寻呼（OICQ）、网上购物、IP电话、网络游戏等。

3. 在 Outlook Express 中，如何配置多人同时独立配置自己的邮件信息，互不干扰？（提示：注意标识功能）

4. 网络协议的功能是什么？什么是 OSI 参考模型？

在计算机网络中，信息传输顺序、信息格式和信息内容等都有一系列的约定，这些约定或规则统称为计算机网络通信协议。

国际标准化组织 ISO 于 1978 年制定了 OSI 参考模型。开放式系统互联 OSI (OpenSystem Interconnection) 参考模型。

5. 从 Internet 下载文件有哪些方法？

（1）通过浏览器下载文件；

（2）使用专门的 FTP 工具软件下载文件。

6. 搜索含有"data bank"的 pdf 文件，正确的检索式为：（ ）

A. "data bank"+filetype：pdf

B. data and bank and pdf

C. data+bank+pdf

D. data+bank+file：pdf

7. 对于电子邮件地址"seu.limj @ 263.net"，其中"seu.limj"是_____名，"@"代表英文中的_____，"263.net"是_____名。

电子信箱地址可以表示成 seu.limj@202.112.81.34 的形式，对吗？

第六部分 网站应用与实践

实验 24 建 立 网 站

实验目的

掌握建立网站的方法

实验要求

1. 建立一个空的"红酒品鉴"网站
2. 设置网站导航

预备知识

1. 网站

因特网上具有相似性质、共同内容的一组信息资源就是一个网站。构成一个网站的基本元素是各种各样的文件以及存放这些文件的文件夹。

2. 网页

网页是用 HTML（Hypertext Markup Language 超文本标记语言）语言写成的文件，可供人浏览。

3. 主页

主页（Home Page，又称为首页）是一个特殊的网页，通常用来表示访问某个网站时出现的第一个页面。主页的作用和地位类似于杂志的封面和目录，是用来展现整个网站进行风格以及提供到其他页面的链接作用的。

实验内容及基本步骤

1. 准备工作

从 http：//cc.seu.edu.cn/nethd →"_☆★大学计算机基础课程相关材料☆★"→"辅助材料"→"FrontPage"中下载本实验所用素材文件"sucai.rar"。

2. 使用网站模板建立网站

1）启动 Front Page2003（以下简称 FP），点击按钮【新建】，选择【网站（W）...】，如图 24-1 所示。

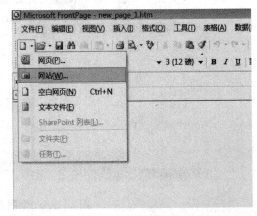

图 24-1 新建网站

2）在"网站模板"对话框中选择只有"一个网页的网站"，并点击【浏览（B）...】按钮指定网站的位置（该文件夹会自动创建），该文件夹下会生成默认的 index.htm 文档、images 文件夹和 _private 文件夹，如图 24-2 所示。

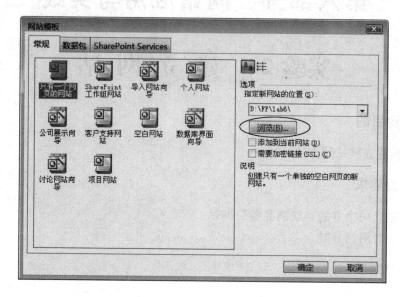

图 24-2　网站模板对话框

3）将步骤1中下载的素材文件 sucai.rar 解压到网站自动生成的 images 目录下，这样，就建立了一个带有一个网页文件的网站，如图 24-3 步骤1所示。

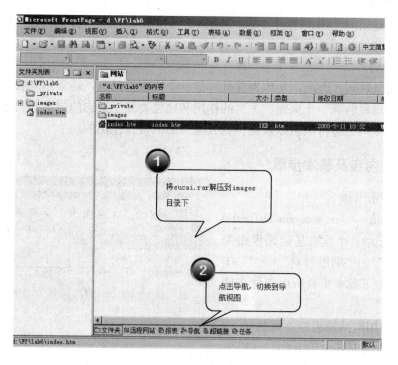

图 24-3　一个网页的网站

3. 使用导航视图建立网页文件

1) 进入新建的网站，点击页面下方视图栏中的【导航】按钮，工作区显示导航视图。如图 24-3 步骤 2 所示。

2) 在导航视图窗口右击主页文件 index.htm，选择【新建】→【网页 (P)】，重复此步骤，创建五个新网页。如图 24-4 步骤 1 所示。

3) 分别右击页面名字，选择【重命名（M）】，给它们命名为：**首页、文化历史、酿制过程、品酒步骤、分级分类、品牌红酒**（注意：这里修改的是导航名而不是文件名）。如图 24-4 步骤 2 所示。

4. 修改网页文件名

1) 在"文件夹列表"视图中，右击文件 new_page_1.htm，选择重命名，修改网页名为 whls.htm。如图 24-4 步骤 3 所示。

2) 重复步骤 1 依次修改 new_page_2.htm 为 nzgc.htm、new_page_3.htm 为 pjbz.htm、new_page_4.htm 为 fjfl.htm、new_page_5.htm 为 pphj.htm。

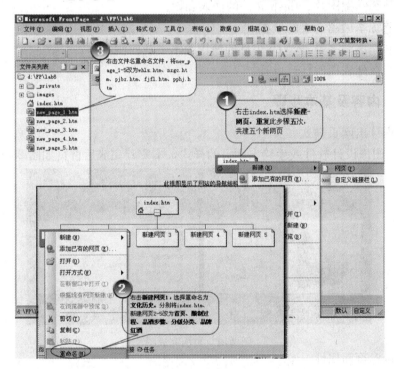

图 24-4　建立空白网页

5. 完成网站

至此，一个网站的总体框架已经建立健全，以后可以在此基础上编辑网页具体内容。

实验 25　网页的制作

实验目的

熟练掌握网页页面的基本设计手段

实验要求

1. 熟练掌握页面属性设置
2. 熟练掌握使用表格布局手段布局网页、表格及单元格的属性设置
3. 熟练掌握图片、flash 文件的插入和设置
4. 熟练掌握超链接的设置
5. 掌握滚动字幕等 Web 组件的使用及水平线的使用
6. 掌握列表项的样式设置

实验内容及基本步骤

1. 设计出网页样式

使用图像设计软件或手绘出网页的样式，本实验完成后首页如图 25-1 所示。

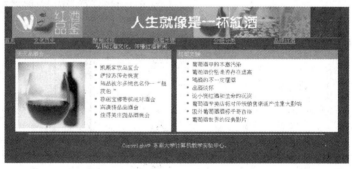

图 25-1　页面完成图

2. 设置页面属性

1）双击"文件夹列表"视图中的文件"index.htm"，打开首页。

2）选择菜单【格式】→【属性】，弹出网页属性对话框，选择"高级"标签，将"上边距"、"左边距"、"下边距"、"右边距"设置为 0 像素。如图 25-2 所示。

3）选择菜单【格式】→【主题】，在窗口右边的"主题"栏目中选择"丝绸"主题。

3. 表格和单元格的属性设置

1）选择菜单【表格（A）】→【插入表格】，弹出插入表格对话框，插入 1 行 2 列的表格，具体属性见表 25-1，如图 25-3 所示。设置完成后，页面上有一个表格虚框。这是**页面头部表格**。

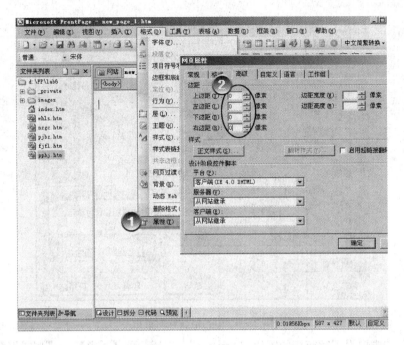

图 25-2　网页属性设置

页面头部表格属性表　　　　　　　　　　　　　　　　表 25-1

属性名称	参　　数	属性名称	参　　数
行　数	1	列　数	2
对齐方式	居中	指定宽度	960 像素
单元格衬距	0	单元格间距	0
边框粗细	0	背　景	自　动

2）将光标放在**页面头部表格**的第一个单元格内，选择菜单【表格（A）】→【表格属性】→【单元格（E）】，设置单元格宽度为 **208 像素**。

3）重复步骤 2，将光标放在第二个单元格内，设置单元格宽度 752 像素，高度 85 像素，并使用背景图片 images/banner.jpg，如图 25-4 所示。

4．插入图片并设置超链接

1）将光标停在**页面头部表格**的第一个单元格内，选择菜单【插入】→【图片】→【来自文件…】，选择"images"文件夹下的"logo.jpg"，在表格的第一个单元格内插入一张图片。

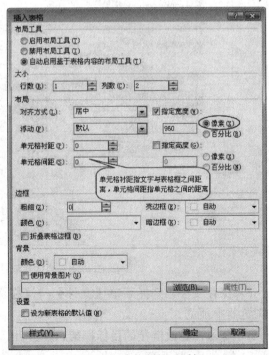

图 25-3　表格属性对话框

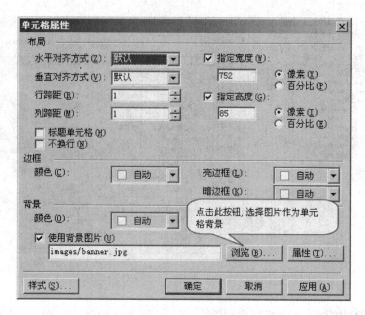

图 25-4　单元格属性对话框

2）选中要设置超链接的图片"logo.jpg"，选择菜单【插入】→【超链接】，设置链接地址为：index.htm，点击【屏幕提示】按钮，设置超链接的屏幕提示为"红酒品鉴"，点击【目标框架】按钮，设置目标框架为"新建窗口"。如图 25-5 所示。

图 25-5　超链接属性设置

3）保存文件，选择菜单【文件】→【在浏览器中预览】，或直接按【F12】在浏览器中预览。

4）练习：**更改**链接的**目标框架**，观察目标框架不同时打开窗口方式的区别。

5. 插入 flash 元素

1）将光标放在**页面头部表格**的第二个单元格内，选择菜单【插入】→【图片】→【Flash 影片】，选择文件"Flash. swf"。

2）右击插入的 Flash，选择快捷菜单【Flash 影片属性（F）…】，设置其背景色透明，指定其大小为宽度 752 像素，高度 85 像素（注意：如果要同时更改宽度和高度，必须去掉保持纵横比复选框前面的钩）。如图 25-6 所示。

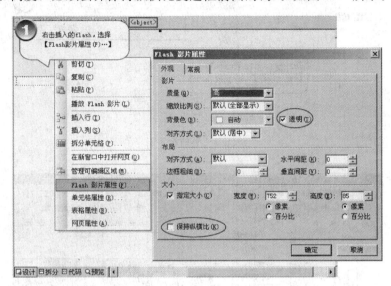

图 25-6　flash 影片属性对话框

3）保存文件并点击 按钮预览。再点击 按钮，回到编辑状态。观察一下预览视图与在浏览器中预览的区别。

6. 页面导航栏设计

1）依步骤 3（表格和单元格的属性设置），在**页面头部表格**的下方，插入一个 1 行 6 列表格，**导航表格属性**设置见表 25-2。

导航表格属性　　　　　　　　　　　　　　　　　表 25-2

属性名称	参　　数	属性名称	参　　数
行　数	1	列　数	6
对齐方式	居中	指定宽度	960 像素
单元格衬距	0	单元格间距	0
边框粗细	0	背景	自动

2）从左侧"文件夹列表"窗口中选择 index. htm，按住左键不放，将其拖到网页中**导航表格**的第一单元格中，导航表格中显示的导航名称是实验 24 中导航视图中修改的名称。依次拖动其他五个文件到**导航表格**中相应的单元格内。如图 25-7 所示。

7. 页面滚动字幕设计

1）将光标放在**导航表格**下方，选择菜单【插入】→【Web 组件…】，打开插入 Web 组件对话框，组件类型选择"**动态效果**"，选择一种效果"**字幕**"，如图 25-8 步骤 1、2 所示。

2）字幕属性对话框中，设置文本为"弘扬红酒文化，传播红酒新闻"，可以

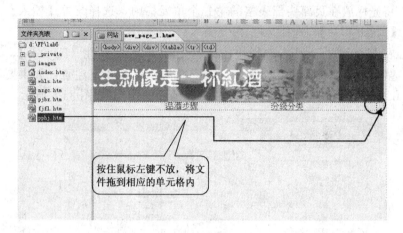

图 25-7 导航栏设计

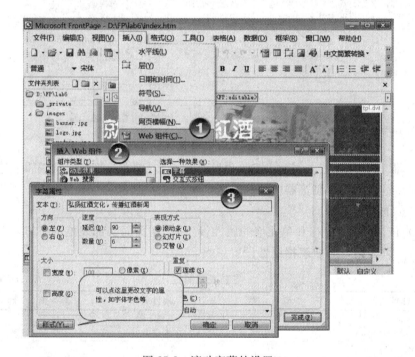

图 25-8 滚动字幕的设置

设置流动的方向，滚动的速度等，点击样式按钮可以设置滚动文本的文字属性。如图 25-8 步骤 3 所示。

3) 保存后按【F12】观察效果。

8. 主要内容部分设计

1) 在滚动字幕下方，插入一个 2 行 3 列的表格，这是**主要内容表格**，具体属性见表 25-3。

2) 右击**主要内容表格**的第一行第一列单元格（以下用［行号，列号］方式表示），设置［1，1］单元格宽度 460 像素，高度 28 像素，背景色为♯FF9E00，并输入文字："天天品酒会"。如图 25-9 所示。

主要内容表格属性　　　　　　　　表 25-3

属性名称	参　　数	属性名称	参　　数
行　数	2	列　数	3
对齐方式	居中	指定宽度	940 像素
单元格衬距	5	单元格间距	0
边框粗细	0	背　景	自　动

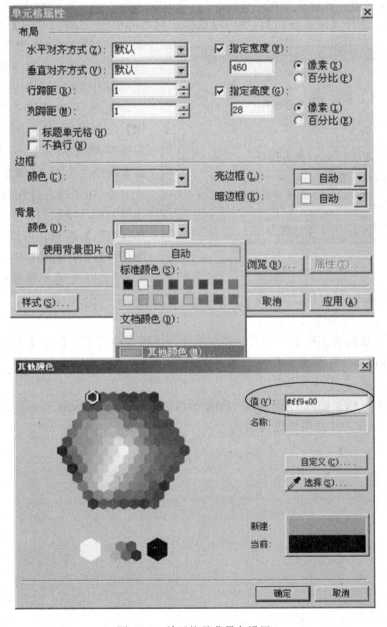

图 25-9　单元格及背景色设置

3）单元格［1，2］设置宽度为 5 像素，其他用默认值。
4）单元格［1，3］设置属性同单元格［1，1］。并输入文字："红酒文摘"。

9. 项目列表的使用

1) 设置**主要见容表格**的单元格［2，1］背景色为白色，然后在其中插入一个1行2列的表格，只将边框设置为0，其余用默认，这是**列表1表格。**

2) 在**列表1表格**的单元格［1，1］中插入图片 images/redwine.jpg

3) 在**列表1表格**单元格［1，2］中，先点击工具栏上的项目符号图标，文字从文件夹"**images**"下的"**文本.txt**"中复制"天天品酒会"部分（注意要一行行地复制，粘贴好一行就按回车）。然后在文字中任意位置右击，选择【列表属性】，选择【样式按钮】，在"修改样式对话框中"，选择【格式】按钮，修改文字颜色为"黑色"，段落的行距大小设置为"**1.5倍行距**"。也可以直接将所有列表文字选中后，选择菜单【格式】→【字体】设置文本颜色为"黑色"，选择菜单【格式】→【段落】，设置行距大小为"**1.5倍行距**"。

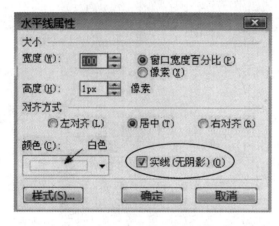

图 25-10 水平线属性对话框

4) 在"列表属性对话框中"选择"图片项目符号"标签，选择【浏览】按钮，可以将默认的项目符号图片改为指定的图片。

5) 按上述步骤完成设置**主要内容表格**单元格［2，3］的设置，插入"红酒文摘"部分的列表。

10. 水平线的使用

1) 主要内容表格下方插入一条水平线。选择菜单【插入】→【水平线】，设置水平线高度为1像素，居中，颜色为白色，选择"实线（无阴影）"。如图25-10所示。

2) 水平线下输入文字：Copyright© 自己的姓名学号，设置文字居中。

11. 保存文件并用浏览器预览

实验 26 动态 Web 模板的使用

实验目的

使用模板技术快速生成网页

实验要求

熟练掌握模板的建立与使用

预备知识

1. 模板的意义

模板的强大作用并不仅仅是创建网页时可以节省复制相同内容的时间,更重要的是它可以帮助我们对网站风格进行统一的调整。只要对模板文件进行了修改并保存,FrontPage 就会自动提示更新所有应用了该模板的网页文件,从而实现批量的网页修改,减轻我们维护网站的负担。

2. 可编辑区

模板为页面提供了统一风格,但具体网页中的内容各不相同,模板中可编辑区就是提供的这样一个功能,可以让具体页面具有自己的内容。

实验内容及基本步骤

1. 建立动态 Web 模板

打开 FrontPage2003,打开实验 25 中建立的网站,将 index.htm 文件打开,选择菜单【文件(F)】→【另存为...】,打开"另存为"对话框。选择"保存类型"为"**动态 Web 模板**",并将文件名取为 tpl.dwt,如图 26-1 所示。

2. 可编辑区域的设置

1) 将**主要内容表格**的六个单元格全部选中,选择菜单【表格】→【合并单元格】将表格合并为一个单元格,按【Delete】键删除其中内容,并将单元格背景设为"自动"。

2) 右击**主要内容表格**的单元格,在快捷菜单上选择【管理可编辑区域】,输入区域名称为:"**content**",单击【添加】按钮,然后点击【关闭】按钮并保存。

3. 模板的应用

1) 方法一:在"**文件夹列表**"窗口选择一个或多个(多个文件选择,按 Ctrl 键)需要应用模板的文件,然后选择菜单【格式】→【动态 Web 模板】→【应用动态 Web 模板】,选择模板文件 tpl.dwt 应用动态 Web 模板。

2) 方法二:打开需要应用模板的文件,从"文件夹列表"窗口里点击

tpl.dwt 文件，按住鼠标不放，拖动到设计视图中，可对此文件直接应用模板。

3）思考，为什么不要将 index.htm 页面应用模板？

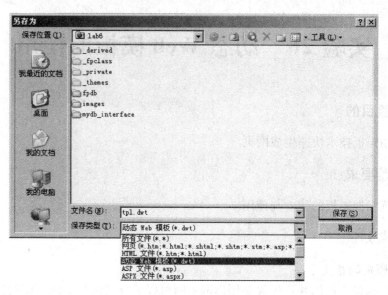

图 26-1　另存为对话框

实验 27 网站的发布*

实验目的

发布自己建立的网站

实验要求

掌握虚拟目录的设置

实验内容及基本步骤

1. 建立虚拟目录

右击我的电脑，选择菜单【管理】，在"计算机管理"对话框中依次展开【服务和应用程序】→【Internet 信息服务】→【网站】→【默认网站】，右击【默认网站】，选择【新建】→【虚拟目录】，打开"虚拟目录创建向导"。选择【下一步】，给网站起别名为："MyFirstWeb"，然后点击【下一步】，将站点所在路径指出，然后点【浏览】按钮，选择实验 24～实验 26 创建的网站所在文件夹（如："e：\fp\lab6"），然后选择【下一步】直至完成。

2. 设置虚拟目录属性

1) 右击"MyFirstWeb"，选择【属性】，在属性对话框中，选择"文档"标签，添加"index.htm"，并将它移到最上面，如图 27-1 所示。

2) 选择"目录安全性"标签，点击"匿名访问和身份验证控制"下的【编辑】按钮，选择"匿名访问"，如图 27-2 所示。

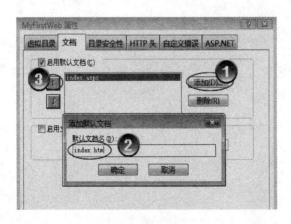

图 27-1 虚拟目录添加默认文档

3. 浏览发布的网页

在 IE 地址栏中输入：http：//127.0.0.1/MyFirstWeb/，就可以看到发布的网站。如果是其他人访问，可以将 IP 换成实际 IP 地址。

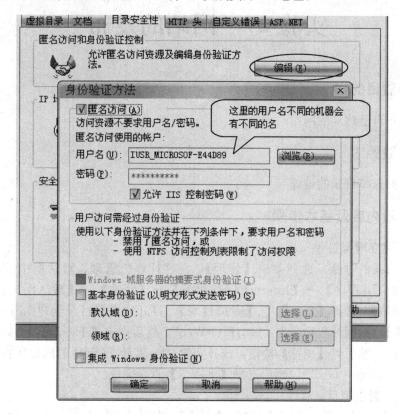

图 27-2　虚拟目录身份验证方法

实验 28 数据库网站的建立*

实验目的

根据实验步骤建立数据库网页

实验要求

1. 了解数据库向导建立数据库网站的方法
2. 了解表单项的设计

实验内容及基本步骤

1. 打开网站

选择菜单【文件】→【打开网站】，将实验 24～实验 27 所建网站打开。

2. 数据库界面向导的使用

1）选择按钮【新建】→【网站】，在网站模板对话框中选择"数据库界面向导"，并勾选"添加到当前网站"，如图 28-1 所示。

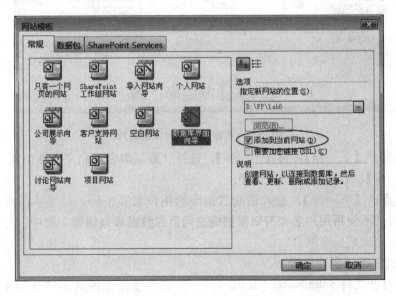

图 28-1 网站模板添加网站

2）打开数据库界面向导，如图 28-2 所示，点击下一步。

3）输入数据连接名称"mydb"，点击"下一步"。

4）创建数据库列。通过【修改】、【添加】和【删除】按钮修改数据库列名和类型，最终如图 28-3 所示。

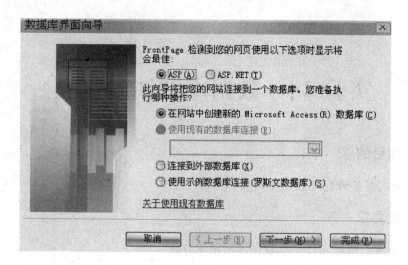

图 28-2 数据库界面向导（一）

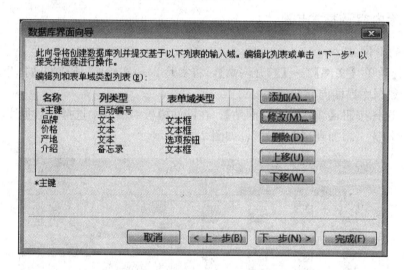

图 28-3 数据库界面向导编辑列

5）选择【下一步】，再【下一步】，选择"**默认表名**"和"**文件位置**"，再点击【下一步】，如图 28-4 所示设置。

6）点击【下一步】，输入访问数据库的用户名和密码，如果不需要设置密码，就将"**不使用用户名和密码保护提交网页或数据库编辑器**"选中，然后点击【完成】，完成数据库网页。

3. 选项按钮属性设置

1）打开文件 **submission** _ form. asp，将选项按钮 1 的文字"**选项 1**"改为"**法国**"，右击"**法国**"，选择【表单域属性】。

2）在选项按钮对话框中，修改值为"**法国**"，初始状态设置为"**已选中**"，如图 28-5 所示。

3）按步骤 1）、2）将选项 2、选项 3 的文字和值修改为"**澳大利亚**"和"**美国**"，注意这两项的初始状态应该为未选中。

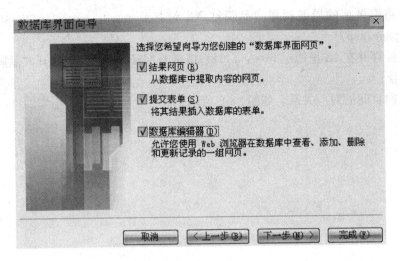

图 28-4　数据库界面向导（二）

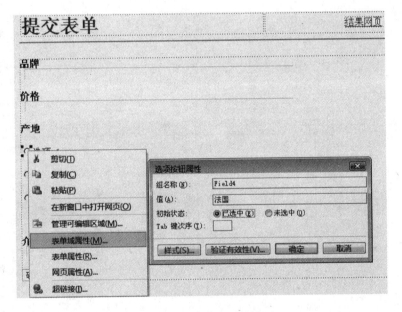

图 28-5　选项按钮属性设置

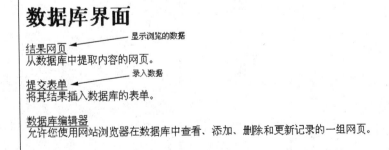

图 28-6　数据库页的内容

4. 将模板页的导航栏里"**品牌红酒**"链接到 mydb _ interface/Results/re-sults _ page. asp。

5. 保存并在 IE 里通过 http：//127.0.0.1/MyFirstWeb 来打开"**品牌红酒**"页面查看。

6. 网页间的对应关系，如图 28-6 所示。

第七部分　小型数据库实践

实验 29　建立数据表

实验目的

1. 熟悉 Access2003 操作环境
2. 掌握使用 Access2003 建立数据库
3. 掌握使用 Access2003 在数据库中建立表

实验要求

1. 掌握使用 Access2003 建立数据库
2. 掌握使用 Access2003 建立数据表

实验内容及操作步骤

Access 是微软公司推出的基于 Windows 的桌面关系数据库管理系统（RDBMS），是 Office 系列应用软件之一。它提供了表、查询、窗体、报表、页、宏、模块 7 种用来建立数据库系统的对象；提供了多种向导、生成器、模板，把数据存储、数据查询、界面设计、报表生成等操作规范化；为建立功能完善的数据库管理系统提供了方便，也使得普通用户不必编写代码，就可以完成大部分数据管理的任务。

1. 启动 Access 2003，进入 Access 2003 数据库编辑环境

点击【文件（F）】菜单，在子菜单中单击【新建（N）】项，出现**新建文件**对话框，如图 29-1 所示，点击【空数据库…】，出现**文件新建数据库**对话框，在**保存位置**（I）中选择"D:"，在**文件名**（N）编辑框中输入"学生管理"，点【创建（C）】创建一名称为"学生管理"的数据库，如图 29-2 所示。

2. 通过表设计器建立表

1) 在学生管理数据库设计界面【对象】选项中选择【表】，如图 29-3 所示，点击【设计（D）】或点击【使用设计器创建表】，在出现的"**表1：表**"对话框，如图 29-4 所示，依次输入字段名称，数据类型，说明，字符宽度等内容，各字段要求见表 29-1。

2) 在设计表格时，可通过下拉列表修改数据的类型，如图 29-5 所示。

3) 右键"学号"字段，选择【主键(K)】，将"学号"字段设置为学生表的主键，如图 29-6 所示。

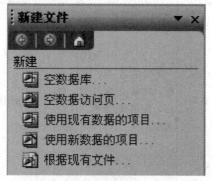

图 29-1　新建数据库对话框

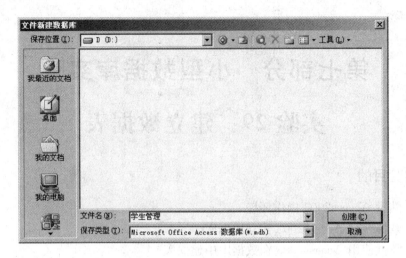

图 29-2　新建数据库对话框

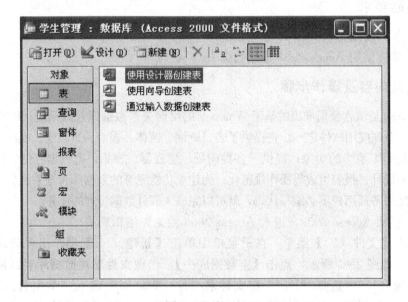

图 29-3　学生管理数据库设计界面

表 29-1　"学生"表中各字段名称和设置值

类型	字段名称	数据类型	说明	字段大小	默认值	必填字段	主键
说明	字段的名称，数据引用时使用该名称	字段的类型、常用有字符型、数值型、日期/时间型、货币型等	字段的注释	字段的长度，超出宽度的内容将不允许输入	表示如该字段不输入，则以该默认值填充该字段	表示该字段是否必须填写内容，默认为"否"	如果该字段是该表主键，则该字段的值不允许重复。一个表只允许一个主键

续表

类型	字段名称	数据类型	说明	字段大小	默认值	必填字段	主键
设置情况	学号	文本	学生学号	8		是	是
	姓名	文本	学生姓名	10		是	否
	性别	文本	学生性别	2	男	是	否
	出生日期	日期/时间	学生出生日期			否	否
	民族	文本	学生民族	10		否	否
	籍贯	文本	学生籍贯	20		否	否

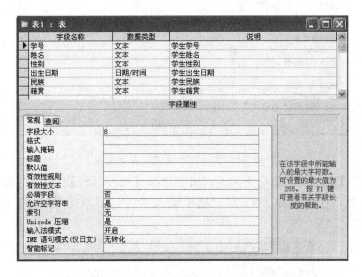

图 29-4　数据表中各字段名称及设置

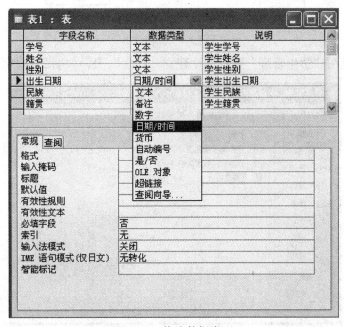

图 29-5　修改数据类型

图 29-6 将"学号"字段设置为学生表主键

4）单击【文件（F）】在下拉子菜单中选择【保存（S）】，或点击 按钮，出现另存对话框，在**表名称**（N）编辑框中输入"学生"，点击【确定】保存表，如图 29-7 所示。

图 29-7 保存表

5）完成在"学生管理"数据库中建立"学生"表，如图 29-8 所示。

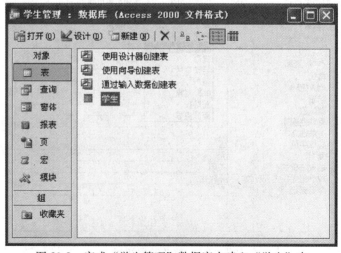

图 29-8 完成"学生管理"数据库中建立"学生"表

实验 30 在数据表中录入数据

实验目的

1. 掌握在数据表中录入数据
2. 了解数据表各个字段的含义

实验要求

1. 在数据表中录入数据
2. 如何通过向导导入数据

实验内容及操作步骤

1. 在数据表中录入数据

打开"学生"表录入记录。

选择"学生"表，点击【打开（O）】或右击"学生"表，在弹出菜单中选择【打开（O）】，打开学生表，录入表 30-1 中数据，如图 30-1 所示。

"学生"表记录　　　　　　　　　　　表 30-1

学　号	姓　名	性　别	出生日期	民　族	籍　贯
04020201	史建平	男	1989-1-20	汉族	江苏南京
04020202	王炜	男	1989-9-19	汉族	江苏镇江
04020203	荣金	男	1989-12-24	汉族	江苏苏州
04020204	齐楠楠	女	1988-3-11	汉族	北京
04020205	邹仁霞	女	1983-4-11	回族	重庆
04020206	惠冰竹	女	1989-5-14	汉族	江苏扬州
04020207	闻闰寅	男	1988-6-14	汉族	江苏南通
04020208	陈洁	女	1988-8-1	汉族	江苏南京
04020209	陈香	女	1989-8-29	苗族	上海
04020210	范燕亮	男	1988-12-24	汉族	江苏苏州

2. 导入"成绩"表

1）打开"学生管理"数据库，点击【文件（F）】，在子菜单中选择【获取外部数据（G）】，在扩展菜单中选择【导入（I）…】，弹出导入窗口，在**查找范围（I）**对话框选择 E：，然后选择"学生管理样表.mdb"，单击【导入（M）】，如图 30-2 所示。

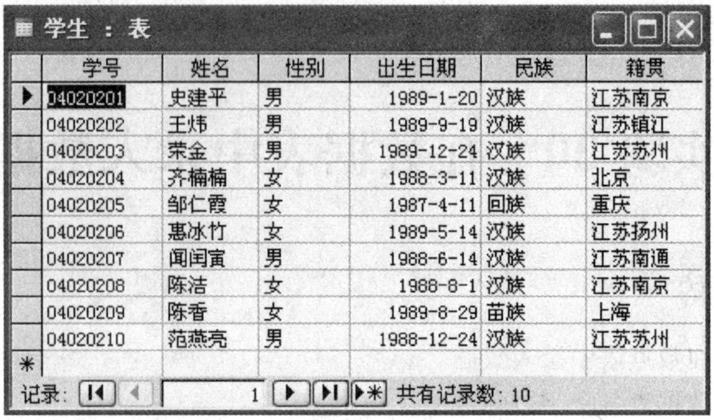

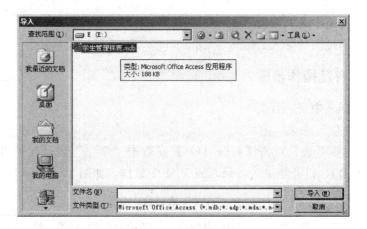

图 30-1 在"学生"表中录入记录

图 30-2 导入数据对话框

2)在【导入对象】对话框中,选择**表**选项卡中的"成绩",如图 30-3 所示,点击【确定】,完成数据导入,如图 30-4 所示。

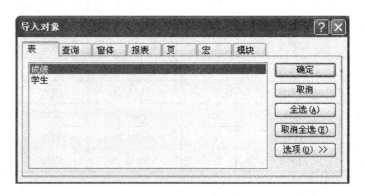

图 30-3 导入对象对话框

3)修改字段属性

①右键"成绩"表,点击【设计视图(D)】菜单,打开"成绩"表,按照表 30-2 修改"成绩"表字段属性,如图 30-5 所示。

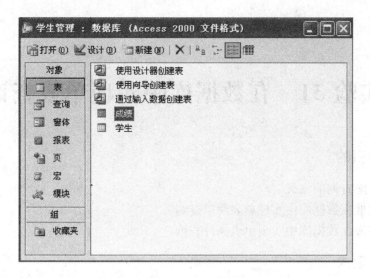

图 30-4　完成数据导入

"成绩"表中各字段名称和设置值　　　　　　表 30-2

字段名称	数据类型	说　　明	字段大小	小数位数
学号	文本	学生学号	8	
课程名称	文本	考试课程名称	30	
成绩	数字	考试成绩	单精度型	1

②单击【文件（F）】在下拉子菜单中选择【保存（S）】，或点击 按钮保存"成绩"表。

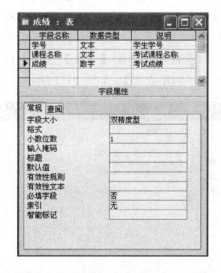

图 30-5　修改"成绩"表字段属性

实验 31　在数据库中实现单表查询

实验目的

1. 了解查询的意义
2. 掌握在数据库中实现单表简单查询
3. 掌握在数据库中实现单表条件查询

实验要求

1. 实现数据库中单表简单查询
2. 实现数据库中单表条件查询
3. 理解查询中数据排序、查询条件的意义

实验内容及操作步骤

查询是数据库最重要和最常见的应用，它作为 Access 数据库中的一个重要对象，可以让用户根据指定条件对数据库进行检索，筛选出符合条件的记录，构成新的数据集合，从而方便用户对数据进行查看和分析。

1. 通过向导查询出所有学生"姓名"、"出生日期"和"籍贯"，并将查询保存为"学生查询"

1）在"学生管理"数据库设计界面【对象】选项中选择【查询】，点击【设计（D）】或点击【使用向导创建查询】，如图 31-1 所示。

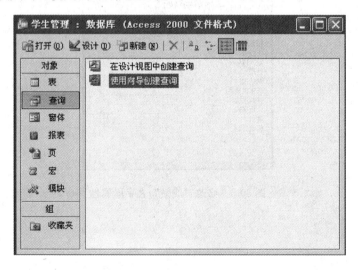

图 31-1　查询设计器向导

2）在简单查询向导"表/查询"中选择"表：学生"，在可用字段中选择"姓名"、"出生日期"和"籍贯"通过 > 按钮移至右列"选定的字段"栏中，如图31-2所示。

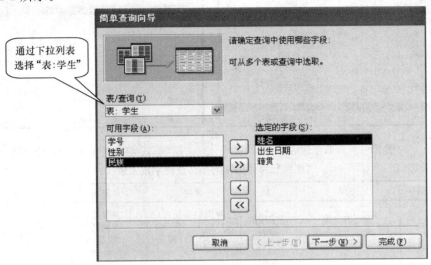

图 31-2　确定查询字段

3）点击【下一步】出现指定"查询标题"界面，输入"学生信息查询"，如图31-3所示，点击【完成】按钮完成查询设计，得出查询结果，如图31-4所示。

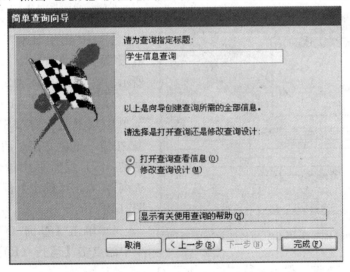

图 31-3　设定查询标题

2.通过设计视图查询出性别为"男"的学生姓名和出生日期，并按出生日期升序输出，最终将查询保存为"按性别查询"

1）在"学生管理"数据库设计界面【对象】选项中选择【查询】，点击【设计（D）】或点击【在设计视图中创建查询】，如图31-1所示。

2）在"显示表"对话框中，选中"学生"表，单击【添加（A）】按钮，将"学生"表添加到查询环境中，表明该查询的数据来源来自学生表，如图31-5所示。

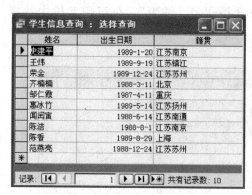
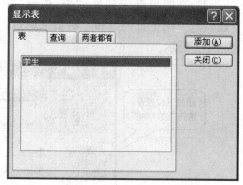

图 31-4 简单查询结果　　　　图 31-5 将学生表添加到查询环境中

"性别"为"男"的条件查询字段设置　　　　表 31-1

类型	字段	表	排序	显示	条件
说明	选定的字段（*表示所有字段）	该字段的源表	查询结果是否排序输出，有升序和降序两种	该字段是否在查询结果中显示	针对该字段的条件
设置情况	姓名	学生			
	出生日期	学生	升序		
	性别	学生		不显示	"男"

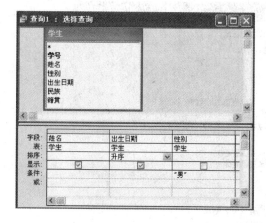

在字段栏的下拉列表中选择"姓名","出生日期"和"性别"。其设置情况见表 31-1,如图 31-6 所示。

3) 单击【文件（F）】在下拉子菜单中选择【保存（S）】,或点击 按钮,出现另存对话框,在**查询名称**（N）编辑框中输入"按性别查询",点击【确定】保存查询,如图 31-7 所示。

图 31-6 "性别"为"男"的条件查询字段设置

4) 单击【查询（Q）】在子菜单中的点击【运行（R）】菜单或点击 运行该查询,得出运行结果,如图 31-8 所示。

图 31-7 "性别"为"男"的查询保存　　　　图 31-8 "性别"为"男"的条件查询结果

实验 32　建立数据报表

实验目的

理解如何设计数据报表

实验要求

1. 通过向导设计数据报表
2. 了解报表中排序、分组、汇总等意义

实验内容及操作步骤

报表是 Access 数据库的对象之一，其主要作用是比较和汇总数据，显示经过格式化且分组的信息，并将它们打印出来。报表可以对记录排序和分组，但不能添加、删除或修改数据库中的数据。

创建报表的主要方式有通过设计视图创建报表和向导报表两种。注意：这两种方式经常配合使用，即先通过自动创建报表或报表向导生成简单样式的报表，然后通过设计视图进行编辑、装饰等，直到创建出符合用户需求的报表。

实验：通过向导创建报表

1) 在"学生管理"数据库设计界面【对象】选项中选择【报表】，点击【设计(D)】或点击【使用向导创建报表】，如图 32-1 所示。

2) 在**报表向导**"**表/查询**"中选择"表：成绩"，在**可用字段**中选择"学号"、"课程名称"和"成绩"通过 > 按钮移至右列"选定的字段"栏中，如图 32-2 所示。

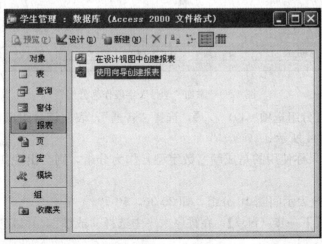

图 32-1　报表设计器向导

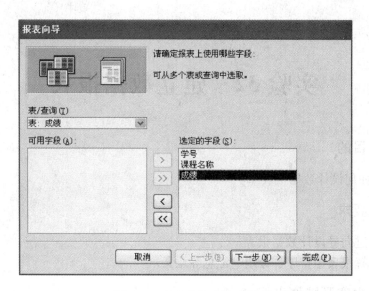

图32-2 报表设计字段选择

3）点击【下一步（N）>】，选中"学号"，通过 > 添加到右侧分组中，如图32-3所示。

图32-3 添加"学号"字段作为分组

4）点击【分组选项（O）…】，选择"普通"，表明该分组以整个学号进行分组，如图32-4所示。

注意：如果你使用的是成绩（数字型）作为分组，则会出现如下分组间隔，如图32-5所示。

要点：10S表示间隔10分组，如20-30，60-70。

5）点击【下一步（N）>】，在排序次序中选择"成绩"，并以"降序"排序，如图32-6所示。

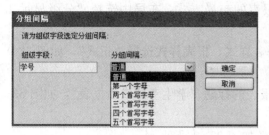 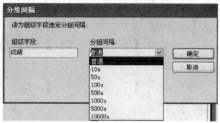

图 32-4　以整个学号进行分组　　　　图 32-5　以成绩作为分组

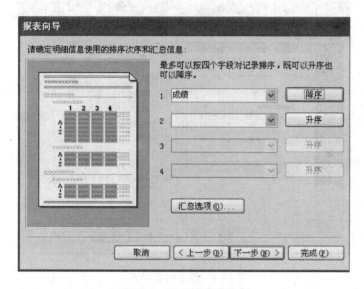

图 32-6　以成绩降序排序

6）点击【汇总选项（O）...】，选择"汇总"、"平均"、"最大"、"最小"依次计算出该学生的总成绩、平均成绩、最高分、最低分。选择**显示**为"明细和汇总（D）"，输出学生各科成绩以及汇总成绩，如图 32-7 所示。

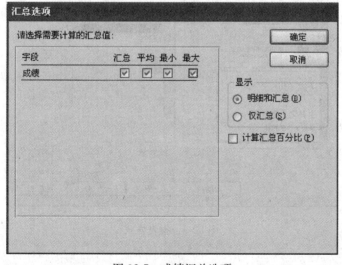

图 32-7　成绩汇总选项

7) 点击【下一步（N)》】确定报表的布局方式，**布局**中选择"分级显示1(O)"，如图32-8所示。

8) 点击【下一步（N)》】确定报表样式，报表样式选择"正式"，如图32-9所示。

9) 点击【下一步（N)》】，输入报表的标题"学生考试成绩报表"，如图32-10所示。

10) 点击【完成（F)】预览报表，如图32-11所示。

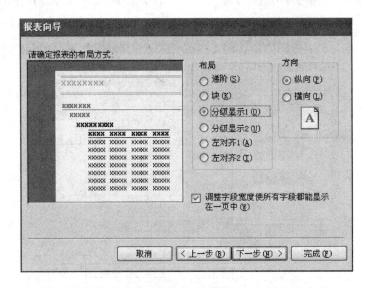

图32-8 报表的布局方式

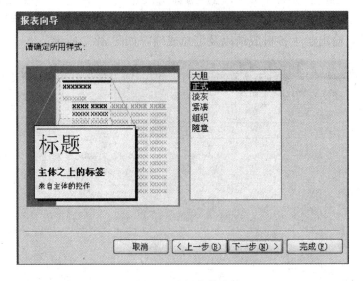

图32-9 报表样式

第七部分 小型数据库实践

图 32-10 确定报表标题

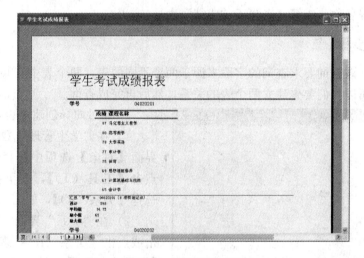

图 32-11 报表设计预览

实验33 在数据库中实现多表查询*

实验目的

1. 了解多表查询的意义
2. 掌握在数据库中实现多表条件查询

实验要求

1. 通过向导设计出多表查询
2. 理解 SQL 语言
3. 查询出所有成绩高于 80 分的学生的姓名、出生日期（来源于"学生"表）和课程名称、成绩（来源于"成绩"表）

实验步骤

分析：该查询要求查询的字段来源于两个不同的表，两个表中有共同的字段"学号"，所以我们要先建立两个表的关系，然后再完成查询。

1. 通过向导创建多表查询

1）在"学生管理"数据库设计界面【对象】选项中选择【查询】，点击【工具（T）】，在下拉列表中选择【关系（R）】，如图33-1所示。

2）在"关系"界面，空白处右击或点击【关系（R）】菜单，选择【显示表（T）】，点击"学生"，单击【添加（A）】，将"学生"表添加到"关系"中；点击"成绩"，单击【添加（A）】，将"成绩"表添加到"关系"中，如图33-2所示。

图 33-1 关系设计界面

3）点击【关系（R）】在下拉列表中选择【编辑关系（R）...】，出现编辑关系对话框，如图33-3所示。

4）单击【新建（N）...】，**左表名称**（L）选择"学生"，**左列名称**（C）选择"学号"，**右表名称**（R）选择"成绩"，**右列名称**（O）选择"学号"，如图33-4所示，【确定】后点击【创建（C）】建立"学生"表和"成绩"以"学号"为关联的关系，如图33-5所示。

5）单击【文件（F）】在下拉子菜单中选择【保存（S）】，或点击 按钮，出现保存关系对话框，点击【是】保存。

图 33-2 将"学生"表,"成绩"表添加到关系中

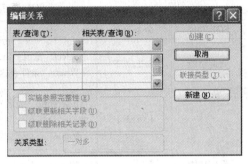

图 33-3 编辑关系对话框

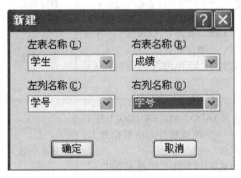

图 33-4 设定选择列

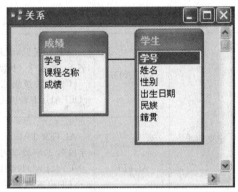

图 33-5 创建"学号"关联

6) 在"学生管理"数据库设计界面【对象】选项中选择【查询】,点击【设计(D)】或点击【使用向导创建查询】。

7) 在**简单查询向导"表/查询"**中选择"表:学生",在**可用字段**中选择"姓名"、"出生日期";选择"表:成绩",在**可用字段**中选择"课程名称"、"成绩"通过 > 按钮移至右列"选定的字段"栏中,如图 33-6 所示。

8) 点击【下一步(N)>】,选择"明细(显示每个记录的每个字段)(D)",如图 33-7 所示。

9) 点击【下一步(N)>】,输入标题"多表查询",选择"修改查询设计(M)"点击【完成(F)】,打开查询设计器,如图 33-8 所示。

10) 在"成绩"条件栏输入">80"(引号内内容),如图 33-9 所示。

11) 单击【查询】在子菜单中的点击【运行】菜单或点击 运行该查询,得出运行结果,如图 33-10 所示。

2. 理解 SQL 语言

1) 在"学生管理"数据库设计界面【对象】选项中选择【查询】,右键【多表条件查询】选择【设计视图(D)】,如图 33-11 所示。

2）在【视图（V）】选择【SQL 视图（Q）】，打开多表查询 SQL 语言，如图 33-12 所示，SQL 语言介绍，见表 33-1。

SQL 语言的意义　　　　　　　　　　　　　　　表 33-1

SQL 功能	命令动词	简单格式	备注
查询功能	SELECT	Select［范围］From〈表或视图〉 Where〈条件表达式〉	选择功能
操作功能	INSERT	InsertInto〈表名〉［（〈字段名 1〉［，〈字段名 2〉……］）］ Values（〈表达式 1〉［，〈表达式 2〉……］）	插入功能
	UPDATE	Update〈表名〉Set〈字段名 1〉=〈表达式 1〉［，〈字段名 2〉=〈表达式 2〉……］［Where〈条件表达式〉］	更新功能
	DELETE	Delete From〈表名〉［Where〈条件表达式〉］	删除功能
定义功能	CREATE	CREATE TABLE｜DBF〈表名 1〉［FREE］（〈字段名 1〉类型［（长度［，小数位数］）］） ［CHECK 逻辑表达式 1［ERROR 字符表达式 1］］ ［DEFAULT 表达式 1］	定义功能
	ALTER	ALTER TABLE 表名 1ADD｜ALTER［COLUMN］字段名 1 字段类型［（字段宽度［，小数位数］）］ ［NULL｜NOTNULL］ ［CHECK 逻辑表达式 1［ERROR 字符表达式 1］］ ［DEFAULT 表达式 1］	修改功能
	DROP	DROP TABLE 表名	删除功能

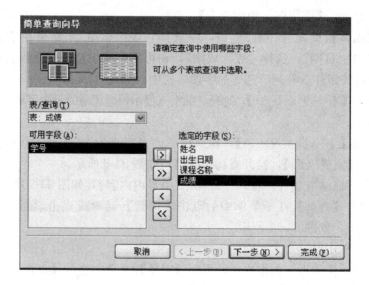

图 33-6　选定输出字段

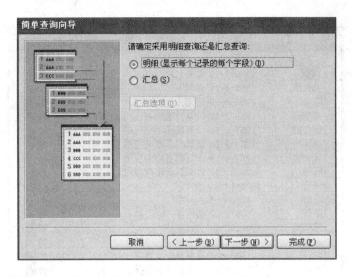

图 33-7　确定何种查询方式

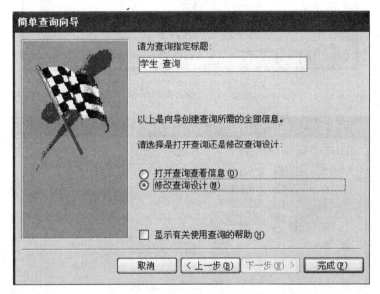

图 33-8　指定查询标题

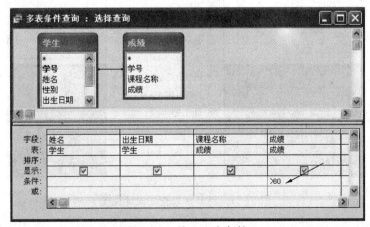

图 33-9　输入查询条件

姓名	出生日期	课程名称	成绩
王炜	1989-9-19	体育	91
邹仁霞	1987-4-11	体育	82
陈香	1989-8-29	体育	81
齐楠楠	1988-3-11	计算机基础与应用	89
邹仁霞	1987-4-11	计算机基础与应用	82
惠冰竹	1989-5-14	计算机基础与应用	92
闻闰寅	1988-6-14	计算机基础与应用	89
陈洁	1988-8-1	计算机基础与应用	97
荣金	1989-12-24	会计学	92
陈洁	1988-8-1	会计学	84
陈香	1989-8-29	会计学	86
范燕亮	1988-12-24	会计学	93
史建平	1989-1-20	马克思主义哲学	87
陈洁	1988-8-1	马克思主义哲学	82
陈香	1989-8-29	马克思主义哲学	96
王炜	1989-9-19	高等数学	81
陈洁	1988-8-1	高等数学	89
陈香	1989-8-29	高等数学	91
王炜	1989-9-19	思想道德修养	87

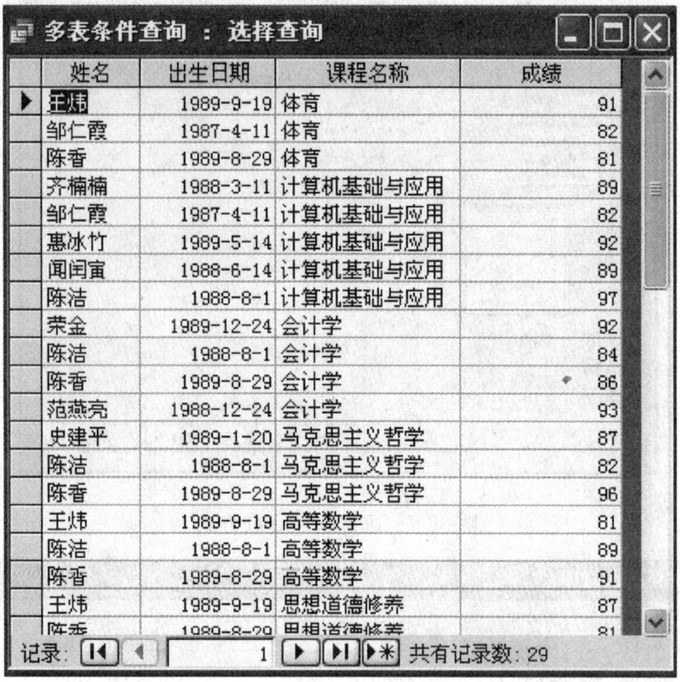

图 33-10　多表查询结果

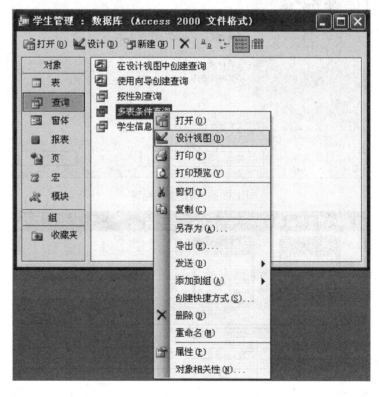

图 33-11　打开多表查询设计视图

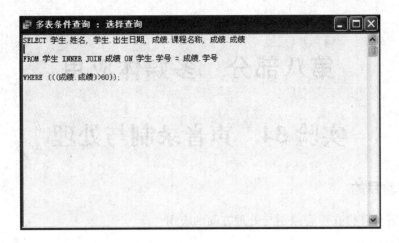

图 33-12 多表查询 SQL 语言

思考与练习

练习使用 SQL 语句查询出出生日期在 1989 年 1 月 1 日以前的学生的民族以及考试科目和成绩。

第八部分 多媒体应用

实验 34 声音录制与处理

实验目的

了解计算机在声音录制与处理方面的应用

实验环境

1. 软件

操作系统：Windows XP

使用软件及版本：Cool Edit 2

2. 硬件

内存：256MB（建议使用 512MB 以上）

耳麦一副

实验任务和要求

1. 认识和了解用 Cool Edit 录音和后期处理
2. 要求学生自己动手录制一段声音并做简单的修饰

实验原理

Cool Edit 简介

Cool Edit 是美国 Syntrillium Software Corporation 公司开发的一款功能强大、效果出色的多轨录音和音频处理软件，它是一个非常出色的模拟音频采样器、数字音乐编辑器和 MP3 制作软件。

采样即把模拟音频转成数字音频的过程，采样的过程实际上是将通常的模拟音频信号的电信号转换成二进制码 0 和 1，这些 0 和 1 便构成了数字音频文件。采样的频率越大则音质越有保证。采样频率一定要高于录制的最高频率的两倍才不会产生失真，人类的听力范围是 20Hz～20kHz，所以采样频率至少为 20×2＝40kHz，才能保证不产生高频失真，这也是 CD 音质采用 44.1kHz（稍高于 40kHz 是为了留有余地）的原因。

多轨即界面上可以同时显示多段音乐波形。单轨则只能显示一段。

实验步骤

1) 双击桌面上的快捷方式或从 Windows【开始】菜单下【所有程序】中打开 CoolEditPro2.0，如图 34-1 所示。

注意：如是多轨模式，可按"F12"转成如图 34-1 所示的单轨模式。

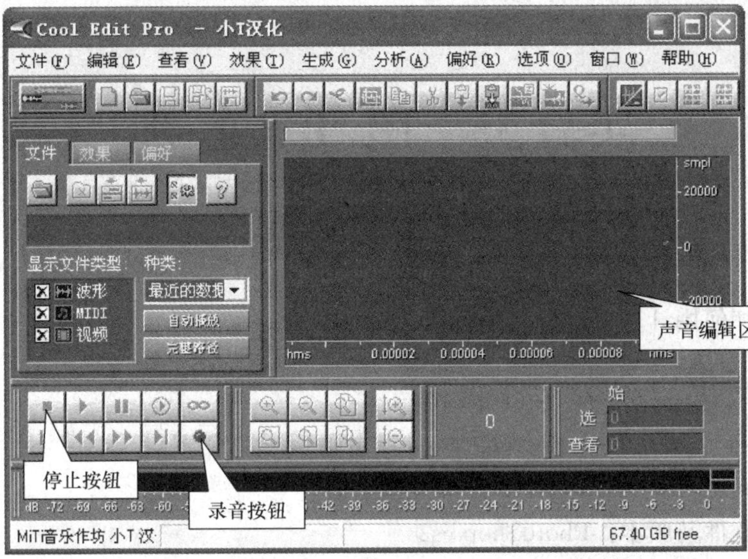

图 34-1　Cool Edit 单轨初始界面

2）点击左下角 录音按钮，对准话筒讲："7 号快速带球越过中线，把球传给 9 号。9 号，9 号接到 7 号传过来的球，一脚射门，球——进了"。录好后按停止按钮结束录音。

3）按鼠标左键在声音编辑区中拖动鼠标，选取所需要编辑的部分。

4）点击【效果】菜单栏下【消除噪声】中【降噪器】，弹出"降噪器"对话框。按图 34-2 所示进行设置。设置完直接点击"噪声采样"按钮后，再点击"确定"按钮保存设置。

5）点击【效果】菜单栏下【波形振幅】中【音量标准化】，弹出"标准化"对话框。

6）音量标准化值设为"200％"，后点击"确定"按钮保存（如图 34-3 所示）。

7）点击菜单栏中的【文件（F）】选择【保存所选区】或【另存为】，将文件以文件名为"sfb.mp3"保存。（提示：在保存类型输入框中选择"mp3"）

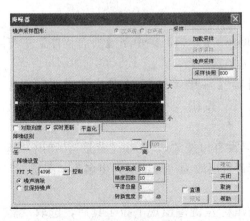

图 34-2　降噪器图 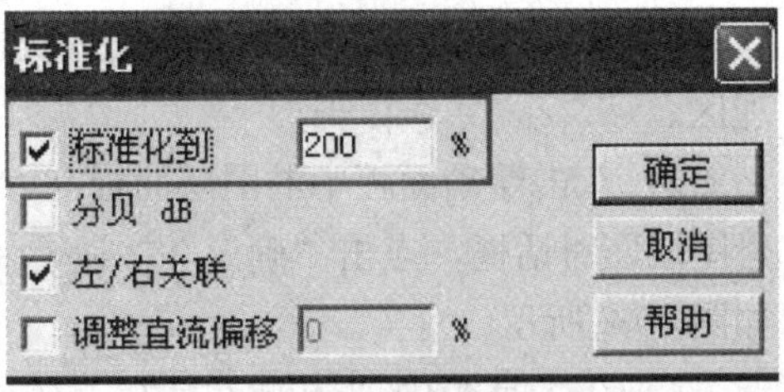　　　　　　　　图 34-3　标准化窗口

实验 35 图 片 处 理

实验目的

了解如何用计算机进行图片编辑

实验环境

1. 软件

操作系统：Windows XP

使用软件及版本：PhotoShop cs2

2. 硬件

内存：256MB（建议使用 512MB 以上）

实验任务和要求

1. 用 PhotoShopcs 进行图片的设计和编辑
2. 要求学生自己动手对图片进行简单修改

实验原理

PhotoShop 简介

PhotoShop 是美国 Adobe 公司开发的一个集绘图、图像编辑、网页图像设计、网页制作等多种功能于一体的优秀软件，它在图像处理、平面广告设计、模拟绘图以及计算机艺术作品设计等方面具有无与伦比的优势。

实验步骤

实验：去除图中草地背景

1）双击桌面上的快捷方式或从 Windows【开始】菜单下【所有程序】中打开 PhotoShop，如图 35-1 所示。

2）点击菜单栏中的【文件（F）】选择【打开（O）】，在弹出的对话框中选择文件名为"fb.jpg"的图片。点击"打开"按钮。一张足球图片导入到图像处理区。

3）双击浮动面板中的图层面板（如果没有可按"F7"）中"背景"，弹出"新建图层"对话框，点击"确定"按钮，使背景层改为一般图层并更名为"图层 0"，如图 35-2 所示。

4）在工具箱中"选框工具"上按住鼠标左键待出现下拉工具后，选取"椭圆选框工具"，如图 35-3 所示。

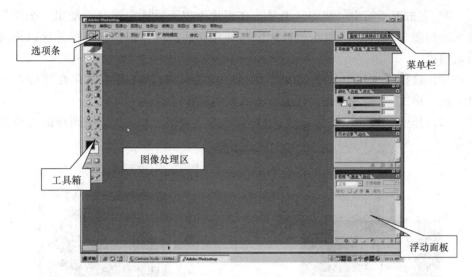

图 35-1 PhotoShop 界面

5) 将鼠标指针移动到图像处理区，按键盘上的"Shift"键，按鼠标左键后拖动鼠标，绘制出一个正圆。

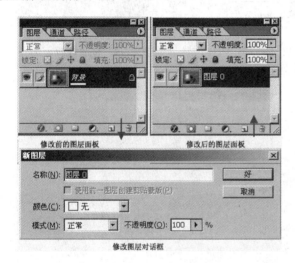

图 35-2 修改图层过程

图 35-3 工具箱

6) 将鼠标指针放入绘制的正圆中后，按鼠标左键后拖动鼠标，使正圆的中心点与足球的圆心基本对齐，如图 35-4 所示。

7) 在【选择】菜单组下选择【变换选区】命令，会在正圆周围出现矩形自由变形控制框。该选框有 8 个控制矩形节点，选择一个拖动，使选区与足球大小相仿后按"Enter"键确定，如图 35-5 所示。

8) 点击【选择】菜单组下的【反向】后。按键盘"Del"键，使背景为透明色。

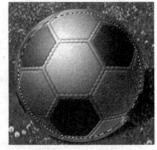

图 35-4 足球选区

9）点击工具箱中"裁剪"工具，在图片中按下鼠标左键并拖动出一个矩形选区，如图 35-6 所示。调整矩形选区与球相切后按回车键，将矩形选区以外部分裁剪掉。

10）选择【文件（F）】菜单下的【存储为（A）】将图片保存在文件名为"fb.gif"格式。（提示：在保存类型输入框中选择"gif"）

11）作业：如上述步骤修改文件名为"qm.gif"文件，并用同样的文件名保存。

图 35-5　变换选区

图 35-6　足球裁剪

实验 36　动画制作

实验目的

了解计算机在影视平面动画和多媒体网页动画方面的应用

实验环境

1. 软件
操作系统：Windows XP
使用软件及版本：Flash Professional 8
2. 硬件
内存：256MB（建议使用 512MB 以上）

实验任务和要求

1. 认识和了解用 Flash 制作平面动画的基本功能和方法
2. 要求学生动手做一个物体自转并移动的 Flash 动画

实验原理

Flash 简介

Flash 是美国 Macromedia 公司于 1998 年推出的网页动画制作软件。Flash 是当今最权威的动画创意软件，能创建全屏的、交换式的矢量动画，在网页制作、动画游戏、多媒体领域得到了广泛的应用。

动画原理：动画是应用人眼的"视觉暂留"现象（物体被移动后其原影像在人眼视网膜上还可有约 0.03 秒钟的停留），如果将一系列相关的静止图片以每秒 24 张的速度播放，人们会把自己看到的景象当成一种连续的动画，每一张静止的图片被称为帧。关键帧是用来描述动画中关键画面的帧，每个关键帧的画面一般不同于前后帧的画面（关键帧画面往往由用户亲自绘制）。在 Flash 中默认的播放速度为每秒 12 帧（即帧频为 12 帧/秒）。

Flash 的操作界面如图 36-1 所示。其中舞台是对应某一帧的画面，对应哪一帧由时间轴设定。

实验步骤

实验：制作足球从"远处"踢进球门的动画

1）双击桌面上的快捷方式或从 Windows【开始】菜单下【所有程序】中打开 Flash，在创建新项目中选择"Flash 文档"。

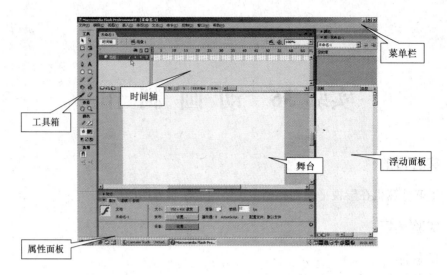

图 36-1　Flash 的界面

2）进入 Flash 界面后，选择【文件(F)】下拉菜单中的【导入(O)】下的【导入到库(L)】，在弹出的对话框中选择 sfb.mp3、fb.gif、qm.gif 文件导入到 Flash 库中。

图 36-2　库

3）点击库面板中的小箭头，使箭头向下，如图 36-2 所示。

提示：如没有此面板可按键盘"Ctrl+L"。

4）在库面板中选择球门图片（qm.gif），按着鼠标左键将球门拖入到舞台适当的位置，如图 36-3 所示。

5）点击"工具箱"中"任意变形工具"，再点击舞台上的球门，此时球门四周出现 8 个矩形节点，如图 36-4 所示。拖动右下角"矩形节点"改变球门大小。

6）在时间轴上第 50 帧处点击鼠标右键，在出现的快捷菜单中选择"插入帧"，如图 36-3 所示。

7）点击第一帧，在【属性】面板（这时是指帧的属性）中，在"声音"下拉列表中选择"sfb.mp3"，如图 36-5 所示。

8）点击"插入图层"按钮，新建"图层二"，如图 36-3 所示。

9）将足球拖放到舞台上。调整足球位置和大小（同步骤 5）。这就表示第 1 帧的静止图片。

10）在时间轴第 50 帧处右击鼠标，在菜单中选择【插入关键帧】，这时舞台已对应第 50 帧的静态图片。

11）选择舞台上的"足球"，移动到球门中。这就表示第 50 帧的静止图片。

12）第 2 帧到第 49 帧的静止图片可以由 Flash 自动生成，具体做法如下：选择"图层 2"的第一帧，在【属性】面板（这时是指帧的属性）中，点击"补间"右面的小箭头，在下拉列表中选定动画，这时可以看到一个箭头从第 1 帧指向第 50 帧，表示中间各帧的静止图片已自动完成，如图 36-6 所示。

第八部分 多媒体应用

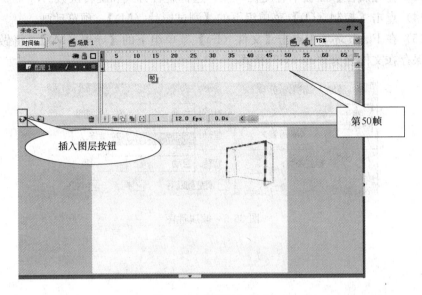

图 36-3　时间轴与舞台

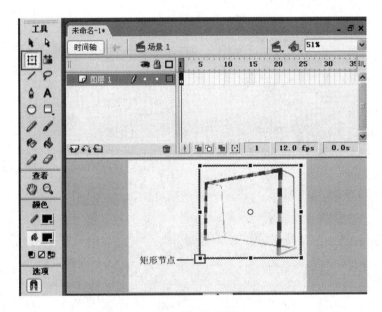

图 36-4　界面图

图 36-5　帧的属性面板

159

13）在【属性】面板中有旋转一项，选择旋转方式和旋转次数。

14）点击【控制（O）】菜单组下的【测试影片（M）】，预览动画。

15）在 Flash 环境中点击【文件（F）】菜单组下的【导出（M）】，将做好的动画保存在文件名为"qs.avi"格式。

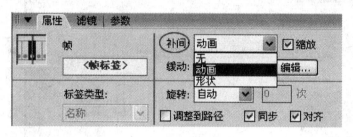

图 36-6　帧属性图

实验 37 电子相册*

实验目的

了解计算机在视频编辑中所起的作用

实验环境

1. 软件
操作系统：Windows XP
使用软件及版本：绘声绘影 10
2. 硬件
内存：256MB（建议使用 512MB 以上）

实验要求

1. 认识和了解绘声绘影（Ulead Video Studio）的基本功能和应用
2. 要求学生自己动手将一些离散的照片编辑成一段自动翻页、连续播放的电子相册

实验原理

绘声绘影简介
绘声绘影是一套专为个人及家庭设计的影片编辑软件。

实验步骤

1）双击桌面上的快捷方式或从 Windows【开始】菜单下【所有程序】中打开绘声绘影（UleadVideoStudio），如图 37-1 所示。

2）点击"时间"按钮，如图 37-1 所示。

3）点击右上方的素材库下拉列表框，选择"图像"，如图 37-1 所示。

4）点击右侧的"添加素材"按钮，如图 37-1 所示。

5）在弹出的对话框中选择要添加的一个相片文件，再点击"打开"按钮。

6）在图像素材库中选择刚刚添加的相片素材，按住鼠标不放，将其拖入"视频栏"中，如图 37-2 所示。

7）在"视频栏"中点击相片，在图像面板上，单击"区间数值"文本框的微调按钮改变相片播放时间，这里改为 4 秒。这时该张相片的播放时间就由 3 秒改为 4 秒，如图 37-3 所示。

8）依照上面的步骤，将其他需要加入相册的相片都拖入"视频栏"中。

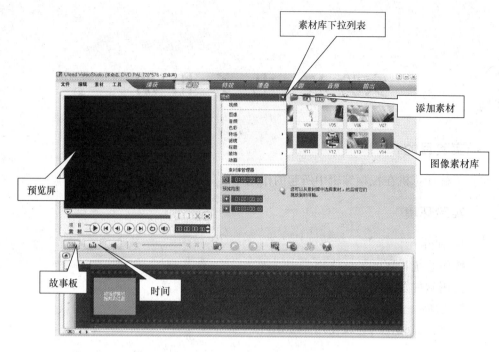

图 37-1 Ulead VideoStudio 界面

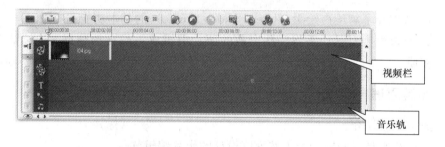

图 37-2 相片拖入视频栏中

图 37-3 图像面板

9)添加背景音乐。点击右上方的素材库下拉列表框,选择"音频"。

10)点击右侧的"添加素材"按钮。添加需要的音频到素材库,并将其拖入"音乐轨"。

11)在"区间数值"文本框内调整音乐播放时间,使其与所有相片播放时间相等,如图 37-4 所示。

图 37-4　音乐和声音面板

12）点击"故事板"按钮，进入故事板，如图 37-5 所示。
13）点击素材库下拉列表框，选择"转场"中的"剥离"，右边进入转场素材库。
14）在转场素材库中选定"翻页"效果，将其拖入"视频栏"中两张照片之间，如图 37-5 所示。

图 37-5　添加转场素材后的界面

15）添加相册标题。选择视频栏中的第一张照片。
16）点击右上方的素材库下拉列表框，选择"标题"。
17）双击播放器屏幕，如图 37-5 所示。在屏幕中输入文字："美好的回忆"。
18）按住鼠标不放拖动文本框，将其拖动到屏幕中想要的位置。
19）点击工具条中的"输出"按钮，如图 37-6 所示。
20）选择"创建视频文件"按钮。在快捷菜单中选择"自定义"，如图 37-7 所示。

图 37-6　工具条

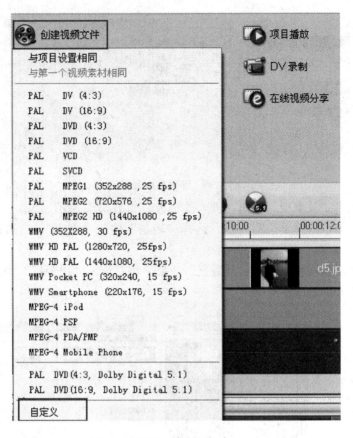

图 37-7 输出面板中

21）将文件保存成为"我的相册.avi"。（提示：在保存类型输入框中选择"avi"）

22）保存完成后，可以双击"我的相册.avi"，可欣赏到你编辑好的相册。

参 考 文 献

[1] 沈军等编著. 大学计算机基础应用教程. 南京：东南大学出版社，2001.
[2] 冯博琴主编. 大学计算机基础及实验指导. 北京：机械工业出版社，2005.
[3] 沈军主编. 大学计算机基础—基本应用技能解析. 南京：东南大学出版社，2005.
[4] 沈军等编著. 大学计算机基础—基本概念及应用思维解析. 北京：高等教育出版社，2005.
[5] 李秀等编著. 计算机文化基础（第5版）—清华大学计算法. 基础教育课程系列教材. 北京：清华大学出版社，2005.
[6] 李秀等编著. 计算机文化基础上机指导，（第5版）—清华大学计算机. 基础教育课程系列教材. 北京：清华大学出版社，2005.
[7] 张玲，潘爱先，张翰韬编著. 计算机基础知识与基本操作（第三版）（高等院校计算机应用技术规划教材—应用型教材）. 北京：清华大学出版社，2008.

尊敬的读者：

感谢您选购我社图书！建工版图书按图书销售分类在卖场上架，共设22个一级分类及43个二级分类，根据图书销售分类选购建筑类图书会节省您的大量时间。现将建工版图书销售分类及与我社联系方式介绍给您，欢迎随时与我们联系。

★ 建工版图书销售分类表（见下表）。

★ 欢迎登陆中国建筑工业出版社网站www.cabp.com.cn，本网站为您提供建工版图书信息查询、网上留言、购书服务，并邀请您加入网上读者俱乐部。

★ 中国建筑工业出版社总编室　　电　话：010—58337016　　传　真：010—68321361

★ 中国建筑工业出版社发行部　　电　话：010—58337346　　传　真：010—68325420
　　　　　　　　　　　　　　　　E-mail：hbw@cabp.com.cn

建工版图书销售分类表

一级分类名称（代码）	二级分类名称（代码）	一级分类名称（代码）	二级分类名称（代码）
建筑学（A）	建筑历史与理论（A10）	园林景观（G）	园林史与园林景观理论（G10）
	建筑设计（A20）		园林景观规划与设计（G20）
	建筑技术（A30）		环境艺术设计（G30）
	建筑表现·建筑制图（A40）		园林景观施工（G40）
	建筑艺术（A50）		园林植物与应用（G50）
建筑设备·建筑材料（F）	暖通空调（F10）	城乡建设·市政工程·环境工程（B）	城镇与乡（村）建设（B10）
	建筑给水排水（F20）		道路桥梁工程（B20）
	建筑电气与建筑智能化技术（F30）		市政给水排水工程（B30）
	建筑节能·建筑防火（F40）		市政供热、供燃气工程（B40）
	建筑材料（F50）		环境工程（B50）
城市规划·城市设计（P）	城市史与城市规划理论（P10）	建筑结构与岩土工程（S）	建筑结构（S10）
	城市规划与城市设计（P20）		岩土工程（S20）
室内设计·装饰装修（D）	室内设计与表现（D10）	建筑施工·设备安装技术（C）	施工技术（C10）
	家具与装饰（D20）		设备安装技术（C20）
	装修材料与施工（D30）		工程质量与安全（C30）
建筑工程经济与管理（M）	施工管理（M10）	房地产开发管理（E）	房地产开发与经营（E10）
	工程管理（M20）		物业管理（E20）
	工程监理（M30）	辞典·连续出版物（Z）	辞典（Z10）
	工程经济与造价（M40）		连续出版物（Z20）
艺术·设计（K）	艺术（K10）	旅游·其他（Q）	旅游（Q10）
	工业设计（K20）		其他（Q20）
	平面设计（K30）	土木建筑计算机应用系列（J）	
执业资格考试用书（R）		法律法规与标准规范单行本（T）	
高校教材（V）		法律法规与标准规范汇编/大全（U）	
高职高专教材（X）		培训教材（Y）	
中职中专教材（W）		电子出版物（H）	

注：建工版图书销售分类已标注于图书封底。